祝酒词

高岚 编著

民主与建设出版社
· 北京 ·

图书在版编目（CIP）数据

祝酒词 / 高岚编著 . -- 北京 : 民主与建设出版社，2024.5（2024.11 重印）

ISBN 978-7-5139-4570-7

Ⅰ . ①祝… Ⅱ . ①高… Ⅲ . ①酒文化 – 中国 Ⅳ . ① TS971.22

中国国家版本馆 CIP 数据核字（2024）第 082604 号

祝酒词

ZHUJIU CI

编　　著	高　岚
责任编辑	刘树民
封面设计	乔景香
出版发行	民主与建设出版社有限责任公司
电　　话	（010）59417749　59419778
社　　址	北京市朝阳区宏泰东街远洋万和南区伍号公馆 4 层
邮　　编	100102
印　　刷	香河县宏润印刷有限公司
版　　次	2024 年 5 月第 1 版
印　　次	2024 年 11 月第 2 次印刷
开　　本	880 毫米 ×1230 毫米　1/32
印　　张	6
字　　数	123 千字
书　　号	ISBN 978-7-5139-4570-7
定　　价	59.80 元

注：如有印、装质量问题，请与出版社联系。

前言

自古以来，酒就与中国人的日常生活密不可分。结婚生子、逢年过节、开业庆典、商业洽谈、朋友小聚，人们都要把酒言欢。因此，要想轻松应对各种酒局宴会，掌握祝酒词、应酬语、场面话非常重要。

在参加各种聚会或者庆典仪式需要临场发言时，你是否为当众讲话语无伦次而烦恼？是否为自己笨拙的口才而沮丧？是否为演讲素材匮乏而手足无措呢？

一番精彩的演说，可以让你瞬间成为全场焦点，一篇精彩的致辞，可以让你点燃听众的热情，为活动现场增光添彩。一篇精彩的致辞，往往不需要长篇大论，但一定要符合特定的场合和主题，符合致辞人的身份。

古今中外，无论是政治家、商界精英、文化名人，还是在各自领域里有卓越贡献的人，均擅长当众致辞演讲。如华盛顿、林肯、丘吉尔、斯大林、拿破仑、戴高乐、卡耐基、雨果、苏格拉底，等等，无不是语言大师。他们之所以能够打动人心，有着强大的影响力、组织力和号召力，在很大程度上得益于他们高超的语言艺术。所以，掌握了说话的技巧，学会了语言的艺术，你便离成功更近了一步。

本书全方位、多角度地涵盖了各类日常宴饮场景和情境，同一场景下又列举了不同身份、不同时机的祝酒词，而且祝酒词的风格也大不相同，或热情奔放，或诙谐幽默，或充满智慧。除此之外，书中还列举了酒史趣谈、祝酒词的应用技巧以及祝酒词素材。广大读者通过阅读本书，可以了解酒文化和宴会礼仪知识，在短时间内快速提升讲话水平，在各种酒席宴会上说出具有自己风格和个性的祝酒词。

目录

第一章　都在酒里——中国酒文化漫谈

第二章　节日祝酒词——每逢佳节倍思亲

第三章　婚宴祝酒词——喜结良缘，百年好合

第四章　生日祝酒词——年年今日庆生辰

第五章　开业祝酒词——瑞气迎祥，开业大吉

第一章

都在酒里

——中国酒文化漫谈

关于造酒的几种传说

中国有着悠久的酿酒历史，酒和酒文化在几千年的中华文明历史中具有独特的地位，并几乎影响到社会生活的方方面面。人们聚会需要喝酒，谈生意需要喝酒，婚丧嫁娶更是需要喝酒。而酒这种饮品究竟产生于何时，出自何人之手，历来众说纷纭。

由于酿酒技术的发明比文字的出现要早得多，所以关于酒的起源也就不可能有准确的记载。

流传较广的主要有以下几种传说。

第一种：猿猴造酒

在中国许多历史典籍中都可以找到关于“猿猴造酒”的记载。明代文人李日华在他的著述中就这样记载：“黄山多猿猱，春夏采花果于石洼中，酝酿成酒，香气溢发，闻数百步。”这些记载都证明了猿猴在不自觉中“造”出酒来的说法。

对酒有所了解的人都知道，酒是由一种叫酵母菌的微生物分解糖分产生的。而酵母菌广泛分布于大自然中，在一些含糖分较高的水果中，更利于这种酵母菌的滋长。山林中野生的水果，是猿猴主要的食物来源。在水果成熟的季节，猿猴大量采摘水果收贮于石洼中，久而久之，这些堆积的水果受到自然界中酵母菌的作用而发酵，产生了一种透明的液体，而这种散发着香气的液体就是我们现在所说的“酒”。

第二种：尧帝造酒

尧是上古五帝之一，相传为真龙所化，受滴水潭灵气所吸引，下界带领百姓发展农业，使得百姓安居乐业。为了感谢上苍，并祈求风调雨顺，尧精选出最好的粮食，用滴水潭的水加以浸泡，再用一种特殊的手法去除所有的杂质，萃取出其中的精华，酿成祈福之水。这种水清澈纯净、清香悠长，用以敬上苍，并分发于百姓，共庆安康。

第三种：上天造酒

《晋书》中曾记载“酒旗星座”——“轩辕右角南三星曰酒旗，酒官之旗也，主宴饮食。”文中的“轩辕”是中国一个古称的星名，一共是17颗星，其中有12颗属于狮子星座。酒旗三星，呈“一”字形状排列开来。

有关酒的起源，还有一种说法：酒为天上“酒星”所造。其中，距今已有近三千年历史的《周礼》是最早出现过酒旗星的一本书。书中描述的二十八星宿，作为我国古代天文学的伟大成就之一，传说自殷代起始，于周代确立。

那时候，科技既不发达，仪器也不够先进，但是在广袤浩瀚的宇宙中，古人仍能观察到这几颗不起眼的“酒旗星”，而且还为后世留下了关于它们的记载，于现在看来，不得不说是一个奇迹。

尽管如此，酒为天上“酒星”所造的说法，还没有科学能佐证，也许这种说法只是文学渲染，故意夸大了事实，目前无法考证其真伪。

第四种：名人造酒说

仪狄是在史料中有真实记载的人物，史籍中也有多处关于仪狄“始作酒醪”“作酒而美”的记载。有传言说夏禹时期的仪狄发明了酿酒，仪狄才是制酒的始祖。

关于仪狄造酒主要有以下两种说法：

第一种说法是“酒之所兴，肇自上皇，成于仪狄”。意思是说，自上古炎帝神农氏时，就已有造酒之法，是仪狄将造酒的方法归纳总结出来，使之流传于后世的。

第二种说法是“仪狄作酒醪，杜康作秫酒”。“醪”指的是一种由糯米经过发酵加工而成的醪糟，而且在醪糟之中会渗出一种清亮的液体，这种液体便是我们十分熟悉的黄酒了，而稠状的糟糊可以当成主食，多产于江浙一带。

“秫”字是高粱的别称，杜康作秫酒，便是说杜康造酒所使用的原料是高粱，那么他所造的酒便是高粱酒了。所以说杜康和仪狄应该分别是高粱酒和黄酒最早的创造者。

“干杯”原来是舶来品

每当大家围坐一团，喝酒助兴时，常听到的两个字是：“干杯。”祝酒的时候大家都要碰杯，并大声喊着“干杯”。那么，大家有没有想过为什么要干杯呢？“干杯”这个动作，从何而来？

关于这个问题，目前为止，有下面几种说法。

第一种：角力竞技

在历史上，有一个国家非常崇尚武功，它就是古代的罗马，这个国家常常举办角力竞技的比赛。比赛开始之前，选手们会选择用喝酒的方式来表达自己对对手的鼓励和尊敬。一般这种赛前酒通常会提前为选手准备好，但也会有不怀好意的人在酒里动手脚，所以为了预防这样的人在给对手喝的酒里下毒，他们会在比赛前的敬酒仪式上，将自己的酒向对手的酒杯中倒一些，对手亦然。久而久之，碰杯竟发展成酒桌上一种特有的仪式。

第二种：“听”也是一种乐趣

传说，古希腊人在举杯饮酒的时候，注意到不仅舌头可以享受到喝酒的乐趣，身体其他器官也可以享受到喝酒的乐趣，比如酒的颜色交给眼睛享受，酒的香味交给鼻子享受，好像只有耳朵被排除在外。那么怎样让耳朵和其他器官一样，也能享受到喝酒的乐趣呢？这时候，希腊人想到一个办法，就是在双方喝酒之前，互相碰下杯子，这时杯子发出的清脆响声就能传到耳朵里。碰杯是古希腊人创造的说法由此产生。

第三种：翻译的小插曲

16 世纪的爱尔兰人为了改善酒的味道和去除酒的不纯性，他们会在啤酒里放一片烤面包。于是，“烤面包”这个词就被翻译成了干杯，到了 18 世纪，“干杯”可以解释为“互相碰杯”。在喜庆的日子里，爱尔兰人认为魔鬼无所不在、无孔不入，但魔鬼害怕听见叮当声，所以，彼此碰杯用以驱散魔鬼。就像过年时放鞭炮一样，碰杯这个行为和我们驱赶“年兽”的道理是一样的。

“以酒为名”的刘伶

晋朝时期，有一位和嵇康、向秀等齐名的名士，因为喜好喝酒作诗，被大家称为“竹林七贤”之一，他就是沛人刘伶。虽然刘伶的流世传文数量没有阮籍、嵇康二人多，但他和酒的佳话，却让人印象深刻。

在《竹林七贤论》这本书中讲述过这样一个故事：有一次，刘伶喝得酩酊大醉，和别人发生了争吵，那人见状，伸出拳头要打刘伶。只见刘伶慢慢地说：“你看我这瘦弱不堪的身体，怎么好意思伸出你尊贵的拳头呢？”对方听后，捧腹大笑，不再与刘伶追究。

刘伶家境贫寒，整日靠朋友的施舍勉强过活，就连自己的妻子，也是在族人的帮助下说成的亲事。他嗜酒如命，只要出门就一定要带着酒。他的妻子看刘伶家徒四壁，每天不是喝酒就是吟诗，也不上进，一怒之下，将酒坛砸碎，哭着对刘伶说：“酒对身体不好，你每天喝那么多，还是尽快戒了吧！”刘伶看到这种情况，对妻子说：“我可以戒酒！但靠我自己的意志力恐怕不行，想要彻底戒掉，估计需要在神灵面前发誓，麻烦你准备酒肉祭神吧。”妻子以为刘伶真的决心戒酒了，就按照他的吩咐，在神桌前供奉酒肉。刘伶在神桌前跪下，向天祷告说：“天生刘伶，以酒为名；一饮一斛，五斗解酲。妇人之言，慎不可听。”只见他说完，拿过神桌上的酒肉，再一次喝得酩酊大醉。

当时的晋朝长期处于分裂的状态，百姓的生活动荡不安，统治者对文人进行政治迫害，使许多文人借酒浇愁，利用酒后醉话表达对时政的不满。其实，刘伶也不是不学无术，他的代表作《酒德颂》，文采优雅娟秀。“有大人先生，以天地为一朝……二豪侍侧焉，如蜾蠃之与螟蛉。”这篇文章写出了刘伶豪饮的状态，也充分表达出晋朝文人的心态。古语有言“时势造英雄”，也许，正是那个混乱的时代才成就了“嗜酒”的刘伶。

《晋书》曾记载：嗜酒如命的刘伶经常乘坐鹿车，手里抱着一壶酒，还放言说，如果自己醉死了，可以就地埋葬。为此，他会让仆人提着锄头跟在车子后面跑。这就是“竹林七贤”之一——刘伶与酒的缘分。

既是“诗仙”，也是“酒仙”：李白斗酒诗百篇

后人这样评论李白：“酒杯一端，文思如泉涌；一口下肚，运笔如有神。”余光中先生写过一首《寻李白》：“……酒入豪肠，七分酿成了月光，余下的三分啸成剑气，绣口一吐就半个盛唐。”将李白豪放不羁的形象深深印刻在人们心里。

作为我国的“诗仙”，李白用他的诗句来评价自己：“兴酣落笔摇五岳，诗成啸傲凌沧州。”李白一生嗜酒，有很大的酒瘾。在李白的生命中，他和酒就像鱼儿和水。酒就是李白作诗的源泉和动力，如果没有酒的滋润，李白的诗会显得单薄无力。“将进酒，杯莫停”“五花马，千金裘，呼儿将出换美酒”。历史上诗仙豪饮的样子，大气磅礴！

李白给我们留下了大量优秀的诗篇，以酒为题材的诗作《山中与幽人对酌》《月下独酌》家喻户晓，但他的健康也因为酒受到了影响，李白62岁便悄然离世了。他在《将进酒》诗中说：“会须一饮三百杯。”在给妻子的《赠内》诗中说：“三百六十日，日日醉如泥。”在《襄阳歌》诗中说：“百年三万六千日，一日须倾三百杯。”虽然这些数字夸大了很多，多半进行过艺术处理，但李白喜欢喝酒这件事是抹不掉的事实。甚至古时候有些酒家，还会挂着“太白世家”“太白遗风”的牌匾来招揽生意。

“君不见，黄河之水天上来，奔流到海不复回。君不见，高

堂明镜悲白发，朝如青丝暮成雪。人生得意须尽欢，莫使金樽空对月。……烹羊宰牛且为乐，会须一饮三百杯！”这首《将进酒》豪迈奔放，更是有关酒文化的宣言。

李白借诗表达情感，还用酒为诗添彩，这样的深情，可能舒缓了自己怀才不遇的抑郁。他把酒作为自己忧愁时的朋友、精神上的伴侣。李白对酒的热爱真是毫不吝啬。

在《将进酒》这首诗里，李白极力推崇“饮者”，为了喝酒，五花马、千金裘等贵重的物件都可以拿来交换，因为酒给李白带来许多欢乐。他在诗中说“且乐生前一杯酒，何须身后千载名”，高唱“百年三万六千日，一日须倾三百杯”，要“且就洞庭赊月色，将船买酒白云边”，要“莫惜连船沽美酒，千金一掷买春芳”，一会儿“长剑一杯酒，男儿方寸心”，一会儿又“高谈满四座，一日倾千觞”。

在历代酒文化的基础上，李白通过自己的亲身体验，将其升华到另一种别样的境界。身处唐朝鼎盛时期的李白，在国泰民安、经济繁荣的大前提下，将诗歌作为媒介，创造出具有盛唐气象的新一代酒文化。

杜甫：一个被严重忽视的“酒徒”

提到唐朝，就会想到诗。提到诗，你会想到谁？李白，还是杜甫？前面我们提到了诗仙李白，那杜甫和酒有没有联系呢？传言说，杜甫在夔州参加刺史柏茂琳的一个宴会时，兴致正高，便纵马飞奔，不小心从马上摔了下来，受了重伤。朋友们听说这件事便带了许多酒前往探病，杜甫看着酒，竟忘了身上还受着伤，拄着拐杖和朋友们到山溪边集会去了。在席上，杜甫作了一首诗：“酒肉如山又一时，初筵哀丝动豪竹。共指西日不相贷，喧呼且覆杯中渌。”

被人称为“诗圣”的牡甫，一生与酒为伴，因此又被人们称为“酒圣”。在他现存一千四百多首诗文中，提到酒的诗文就有三百多首，约占总数的五分之一。

其代表作《曲江二首·其二》中：“朝回日日典春衣，每日江头尽醉归。酒债寻常行处有，人生七十古来稀。”我们可以看出，杜甫想要喝酒需要每天典当衣服，而且每天都要大醉而归。除了典当衣服外，他甚至四处赊账喝酒，欠别人的酒钱更是常有的事。

杜甫和李白一样，也喜欢以酒作诗，比如“宽心应是酒，遣兴莫过诗”“醉里从为客，诗成觉有神”“何时一樽酒，重与细论文”。

酒是杜甫贫困坎坷人生中的一点慰藉。与生于盛唐时期的李白不同，杜甫身处乱世。国破家亡的背景，让可以消愁的酒陪伴着杜甫的一生，最终伴随他走完了人生的最后一程。他有一首《壮游》云："往昔十四五，出游翰墨场……性豪业嗜酒，嫉恶怀刚肠……饮酣视八极，俗物都茫茫。"这里的三个诗眼：豪、嗜、酣，都让我们了解到原来小时候的杜甫不仅爱喝酒，而且对酒还有自己独特的见解。

他的《醉时歌》在众多的饮酒诗中，堪称代表作。诗中"得钱即相觅，沽酒不复疑。忘形到尔汝，痛饮真吾师"，描写出自己和郑虞痛饮狂欢，再将司马相如、扬雄、孔丘、盗跖等一一列出，不仅写出酒的重要，彰显放逸傲岸的品格，而且用"生前相遇且衔杯"一句慷慨高歌，作为结语让人读后反复回味，细细品鉴。在中国酒文化诗文里，杜甫的《醉时歌》与李白的《将进酒》可算上乘之作。

杜甫与李白不仅在诗歌创作上双星交辉，在饮酒上也是可以并驾齐驱的。他们不仅才华横溢，而且有相同的饮酒作诗的喜好，可谓惺惺相惜。正所谓，"余亦东蒙客，怜君如弟兄。醉眠秋共被，携手日同行"。有酒同醉，携手同游，有被同盖，在他们之间是常有的事，并不稀奇。

后来，李白在回忆起和杜甫的这段美好时光时，曾赋诗："醉别复几日，登临遍池台。何时石门路，重有金樽开。秋波落泗水，海色明徂徕。飞蓬各自远，且尽手中杯。"而杜甫在怀念李白时，也深情地说："何时一樽酒，重与细论文。"足以证明杜甫和李白不仅在诗中是知音，在酒文化上也是意趣相投的知音，因为诗中反复咏叹的"醉别""金樽""手中杯""一樽酒"，无一例外，都是在谈酒。

嗜酒成性，白居易自号“醉吟先生”

在文学史上，我们常听人说李太白好酒，苏东坡好酒，杜甫好酒，这些诗人都是出了名地喜爱酒。但很少有人知道白居易也好酒。

虽然他的酒量比不上李白，达不到“斗酒诗百篇”的程度，但他们有相同点，就是可以醉酒作诗。白居易家里有酒库，为了饮酒方便，他常常把酒坛放在自己的床头。

有钱沽酒要喝，没钱典当衣服卖掉马匹要喝；睡前要喝，醒来要喝；有下酒菜要喝，没有下酒菜还要喝；独自一人要喝，来朋友做客也要喝；在家中、寺观要喝，在山野林间、溪边船头要喝，就连平时吟诗、弹琴也要喝，他最著名的长诗之一《琵琶行》，就是在他边喝酒边听琵琶奏乐的时候创作出来的。另一首有名的长诗《长恨歌》则是在和好朋友王质夫聊到唐明皇、杨贵妃时，王质夫举杯向他敬酒，并建议他写作而成的。可以说，白居易无时无刻不在表达着对酒的喜爱。

每次白居易喝酒，都会诗兴大发，“酒狂又引诗魔发，日午悲吟到日西”。白居易诵读和书写十分严谨，人称“诗魔”，他又嗜好饮酒，于是又被人称为“酒魔”。“吟诗石上坐，引酒泉边酌。”“独持一杯酒，南亭送残春。半酣忽长歌。”“为我引杯添酒饮，与君把箸击盘歌。”“遇物辄一咏，一咏倾一觞。”“酒引眼前兴，诗留身后名。闲倾三数酌，醉咏十余声。”“一酌池上酒，数声竹间吟。”“独酌复独咏，不觉月平西。”直到晚年时仍酒性难改——“见酒兴犹在，登山力未衰。”“花时仍爱出，酒后尚能吟。”这就是白居易在生病的时候提到的“平生好诗酒耳”。

白居易一生作诗3000多首，其中写到酒的就有好几百首。有的诗题目就与酒有关，甚至有的诗全篇都在描写酒。

他的一生常常喝得酩酊大醉，“陶陶复兀兀，吾孰知其他”。白居易于75岁逝世，葬于龙门山。据说，有洛阳人或游客知道白居易生平嗜酒，前来拜墓时都用杯酒祭奠，因此墓前方丈宽的土地上经常潮湿。

白居易以“醉吟先生”自号，也能看出他对酒的喜爱。在苏州当刺史时，白居易因为公务繁忙，只好用酒来排遣孤寂，利用醉酒来缓解工作一天的疲劳。他曾说过：不要轻视一天的酒醉，这是为消除工作的疲劳。如果不消除疲劳，我怎么能治理好州里的百姓？如果不酒醉一次，如何娱乐身心？原来，他劳逸结合的方式就是喝酒。

他更喜欢和好朋友一帮人一起喝酒，他在《赠元稹》一诗中说：“花下鞍马游，雪中杯酒欢。”在《同李十一醉忆元九》一诗中说：“花时同醉破春愁，醉折花枝当酒筹。”在《与梦得沽酒闲饮且约后期》一诗中说：“共把十千沽一斗，相看七十欠三年。”诸如此类的诗句很多，在此就不一一列举了。

苏轼爱酒，却不嗜酒

刘伶、李白、贺知章、阮籍等名人都爱饮酒，实际上苏轼也爱，虽然他喜爱饮酒的“知名度”没有上述几人大，可他表达的方式别具一格，甚至可以当成展现酒德的榜样了。

北宋文学家苏轼很早就与酒结下了不解之缘。在文坛上，苏轼堪称大家，但在官场却不如意，他在官场浮沉四十余年，晚年的他还被贬到广东惠州，三年后，又被皇帝贬到海南。仕途不顺的经历，也体现在他的词上：“身后名轻，但觉一杯之重。”在苏轼眼里，一杯酒的价值远大于功名利禄。

苏轼活到了64岁，按照那个年代来看，60岁就已经是高寿了，而苏轼的长寿更得益于他的豁达和不拘小节的人生态度。他有词写道：“酒醒还醉醉还醒，一笑人间今古。”他还在《行香子》中写道：“浮名浮利，虚苦劳神。”“几时归去，作个闲人，对一张琴，一壶酒，一溪云。”当然，能创造出如此优秀的诗作，也与他能从酒中获得胆识，从而改变自己的性情有很大关系。

他在《白鹤峰所遇》一文中写道：“邓道士忽叩门，时已三鼓，家人尽寝，月色如霜。其后有伟人，衣桄榔叶，手携斗酒，丰神英发，如吕洞宾者，曰：‘子尝真一酒乎？’就坐，各饮数杯，击节高歌。”文中说在半夜来做客的人竟然是一个陌生的道士。从这里也能看出苏轼喜欢和形形色色的人喝酒，他不计较这些人的身份、地位，完全是以酒会友。比如苏轼喜欢和乡野村夫一起喝酒，“人无贤愚，皆得其欢心”“杖履所及，鸡犬皆相识”。在他看来，在“酒”面前，人人平等，不分贵贱。

有个叫“林婆”的卖酒婆婆，离苏轼住的地方不远，正因他和林婆关系很好，常去那里赊酒，便写下“年丰米贱，林婆之酒可赊”。等到四新桥建成后，苏轼写下“父老喜云集，箪壶无空携，三日饮不散，杀尽西村鸡”。还有一次，有一位83岁的老翁拦住苏轼，想要和他一起喝酒，二人“欣欣然”。

苏轼与乡亲父老的关系很好，因为他从不摆官架子，和百姓相处融洽。老百姓呢，也不把苏轼当成官来看，只当同龄兄弟，真情以待。苏轼不但与文人学士同饮，而且能与村野父老共杯，这份豁达的气概尤为珍贵。

有客人到访时，苏轼会更喜欢喝酒，他也常常自己酿酒。在晚年所写的《书东皋子传后》中有一段这样的自序：“予饮酒终日，不过五合，天下之不能饮，无在予下者。然喜人饮酒，见客举杯徐引，则予胸中为之浩浩焉，落落焉，酣适之味，乃过于客。闲居未尝一日无客，客至未尝不置酒，天下之好饮，亦无在予上者。”

这是一段很有趣的独白，苏轼的酒量不大，却善于体察酒产生的意趣。在这样的真情里，酒是桥梁，将他和客人连接到一起的媒介。苏轼的下级或者同僚，“知君清俸难多辍”，会常常带着自己的酒杯去找苏轼痛饮。虽然苏轼爱酒，但不会像刘伶一样沉溺其中。在苏轼的诗文中，也很少有借酒消愁的情感，他在饮酒赋诗时，写的多半是自己对生活的赞美和对他人的祝福。

比如苏轼的《虞美人》：“持杯遥劝天边月，愿月圆无缺。持杯复更劝花枝，且愿花枝长在、莫离坡。持杯月下花前醉，休问荣枯事。此欢能有几人知，对酒逢花不饮、待何时？”

被称为“唐宋八大家”之一的苏轼，不仅文采翩翩，也酷爱画画，他极擅长画一些枯木竹石，在这方面颇有造诣。但是，苏轼在画前必须饮酒，黄庭坚也曾为他的画题诗云：“东坡老人翰林公，醉时吐出胸中墨。”

不仅如此，苏轼的书法也很有成就，被誉为宋四家“苏黄米蔡”之一。和作画一样，他作文前也爱饮酒，他曾经说过：“吾酒后乘兴作数十字，觉气拂拂从十指中出也。”“明月几时有，把酒问青天”是这样；《前赤壁赋》《后赤壁赋》等，也是这样借了酒的灵气，加上自己独特的文学底蕴，从而流芳百世。

有一个故事，传言苏轼曾将一坛酒埋在罗浮山的一座桥下，并说如果将来有缘者找到此酒并喝掉，便能羽化成仙。他赞美惠州的酒好，写信给家乡四川眉山的陆惟忠道士，邀请他到惠州一同痛饮，还告诉他，这酒美好到来回往返都不会觉得不值。苏轼还说饮了此地的酒，不仅可以补血健体，还能飘飘欲仙。

后来，陆道士果真去了惠州找苏轼。从这里，我们能看到酒的吸引力有多大、酒香有多烈了。

辛弃疾和陈亮以酒相会

《破阵子》“醉里挑灯看剑，梦回吹角连营”，《鹧鸪天》“掩鼻人间臭腐场，古来惟有酒偏香”，《念奴娇》“休说往事皆非，而今云是，且把清尊酌”。以上都是南宋著名爱国词人辛弃疾留下的佳作。不论是数量，还是质量，他的词在宋朝都是首屈一指的，而他的著作中与酒相关的作品就占了大多数。他的词慷慨激昂，大气磅礴，因为自己是将领的原因，词主要以豪放为主，被后人称为“词豪”；又因其善于喝酒，所以有“酒豪”的美称。

辛弃疾在壮志难酬、报国无门的无奈情境下，只好借酒消愁。所以，无论是享受田园风光的惬意，还是描写征战沙场的豪情壮志，他作词时喝酒的作用只有一个——消除心中的愤懑不平。就这样，在辛弃疾的文化人格中，酒成了至关重要的因素之一，也是成就了辛弃疾一代词豪的催化剂。

有一次，辛弃疾在松树旁边喝醉了，还问松树：“我醉得怎么样？”当然，松树是不会回答他的。辛弃疾醉得迷迷糊糊还以为松树要来扶他，于是便用手推着松树说：“去！”酒醒以后，他就把这件事写进了词《西江月·遣兴》里。

辛弃疾对喝酒伤身深有体会，他暗暗下定决心一定要戒掉饮酒的习惯。于是，他写了一首词《沁园春·将止酒》，题记为：“将止酒，戒酒杯使勿近。”意思是我将要戒酒，不要让酒杯再来靠近我。可事与愿违，虽然辛弃疾戒酒的决心很大，但实际行动还是不足，最后只好放弃戒酒，难移“酒”兴。

辛弃疾以酒会友的故事中，最为百姓传颂的就是他与陈亮的相会。陈亮是一位爱国词人，也是辛弃疾的知己。淳熙十五年冬，陈亮来拜访已经退隐田园的辛弃疾。这时，与世无争的辛弃疾建了一座名为“带湖新居”的房屋，还将一条附近的清泉命名为“瓢泉”。见到好友陈亮，辛弃疾十分高兴。他们不是在瓢泉共饮，就是前往鹅湖寺游览。他们一边喝着美酒，一边相谈甚欢，有时大笑，有时忧愁。

陈亮在这里住了十天，才告别离开。辛弃疾一程又一程地送他。等到第二天清早，辛弃疾又赶马追去，想要挽留陈亮在这里多住几天。直到他追到鹭鸶林这个地方，因为雪深泥滑，不能继续追下去，才停了下来。

那天，辛弃疾在一户吴姓人家的泉湖四望楼借宿时，听到附近传来笛声悠悠，凄然感伤，便写出了一首《贺新郎·把酒长亭说》。这首词写出了自己对陈亮的尊敬和喜爱、与陈亮欢饮纵谈的喜悦，以及对当权者偷安误国的痛心。后来他还把这首词寄给了陈亮，作为赠礼，陈亮也写了一首词《贺新郎·老去凭谁说》寄给辛弃疾，以示“高山流水遇知音”。

现代酒场礼仪

中国有着上下五千年的历史和文化，其中餐饮礼仪规范从西周时期到现在延续了几千年，又随着时代发展不断演变。以下几个方面分别体现了中国的现代酒礼。

敬酒礼仪

这里需要注意的是不要在别人正在吃菜、夹菜、喝酒的时候敬酒。通常敬酒前要充分考虑好敬酒的顺序，一般是以年龄大小、职位高低、宾主身份为准则。如果是晚辈，应该首先向最年长者敬酒，再依次向长者和同辈敬酒。如果是男士向女士敬酒，或者女士向客人敬酒，应该语言得当，举止得体。作为主人时，先向最重要的第一客人敬酒，再依次向其他客人敬酒。如果你并不熟悉和你喝酒的人，可以先打听一下这个人的身份或者看看别人如何称呼他，避免尴尬或说错话的情况。当然，主人也可以直接向集体敬酒。作为客人，应该先向最重要的主人敬酒，再依次向其他主人敬酒。

如果是酒桌上有求于人的客人，敬酒时要更加恭敬，现场要是有比他更年长或身份更高的人，应该先给这类人敬酒。

劝酒礼仪

很多中国人在酒桌上喜欢劝酒，其实是在向对方表示敬意和善意。但是，不合时宜的劝酒会让双方都陷入尴尬的境地。比如有些人天生对酒精过敏；有些人胃不好，不适合喝酒；有些人信佛，就是滴酒不沾。对于这样的人，主人最好不要劝酒。如果一味坚持，很有可能冒犯到人家，让彼此的关系变得紧张。因此，将现代社交礼仪与中国酒文化相结合，达到敬酒不劝酒的礼仪新境界，才是最恰当的做法。

另外，需要注意的是，不同的地区和国家的习俗不同，有的地方将劝酒当成不礼貌的行为，主人若一直坚持，就会在无形中冒犯了客人。聚会时，如果都是好朋友，便可以随意畅饮，但如果是亲友聚会或者商务宴请，就应该有节制地喝酒，要时刻把握喝酒的分寸，尽量不要让自己喝醉。因为醉酒很容易失礼、失态，甚至是失控，让宾主双方都感到尴尬。

倒酒礼仪

酒桌上如何倒酒?

第一次上酒时，主人要逆时针为客人倒酒，也就是从主人右侧的客人开始，因为这样子最后才会轮到自己。当客人喝完第一杯酒后，可以请第二主人帮忙为他附近的人添酒。主人可以为所有客人倒酒，注意倒酒时不能倒满杯，以半满为佳，也就是半杯。

这和许多人说的“茶满欺人，酒满敬人”的说法不同。后者更多的是粗人之间的牛饮，并不适合文人骚客之间的对酌。这里需要注意的是，如果主人同时准备了红酒和白酒，请把两种酒瓶分开放在桌子两端，这是基本的礼节，切记要让客人用两个杯子喝两种酒。

祝酒礼仪

祝酒是指在正式宴会上，由男主人向来宾提议，提出某个事由而饮酒的仪式。祝酒时需要有人率先提议干杯，干杯时应该起身站立，右手端起酒杯，或者用右手拿起酒杯后，再以左手托扶杯底，面带微笑，目视其他人特别是自己的祝酒对象。提议的人可以是主人、主宾，也可以是任意在场的人。在饮酒之前，讲一些祝愿、祝福类的话。这里需要注意的是，祝酒可以在饮酒的过程中随时进行，甚至主人和客人还要发表一篇专门的祝酒词，祝酒词内容越短越好。如果是很正式的祝酒词，就应该在固定的时间，不能影响来宾用餐。

当有人提议干杯后，要手拿酒杯起身站立。即使滴酒不沾的人，也要拿起杯子做做样子。说完“干杯”后，将酒一饮而尽或喝适量的酒。最后，要手拿酒杯与提议者对视，祝酒仪式就结束了。

祝酒词的特点和结构

热情洋溢的祝酒词可以让场面迅速热起来，让大家马上进入到聚会的状况中，增添友好的氛围。主人讲的祝酒词主要是表达自己对来宾的欢迎，主人可以表示出亲切的问候、热烈的欢迎，或诚挚的感谢；来宾讲的祝酒词主要是对主人热情的款待表达谢意，客人对主人进行答谢，并表示衷心祝愿的应酬之辞。

祝酒词作为日常应用写作的重要文体之一，它的内容以叙述友谊为主，要求篇幅短小，文辞得体、庄重、热情、大方。一般来说，完整的祝酒词有下面几个特点：

（1）在遣词造句上不能使用谴责、责备、辩论、批评等语气和词句。

（2）篇幅不宜过长，语言要求言简意赅，意义隽永。

（3）祝酒词的内容要极具感染力和吸引力。用词要热情洋溢，最好充满着喜悦和期望，让对方感受到自己想要表达出的温暖和愉悦。

（4）祝酒词的主旨重在表达祝福、寄托祝愿，可以祝愿对方的美梦成真，或者祝福对方如意顺遂、家人身体健康等。

（5）祝酒词的语言不要过于书面，要口语化。因为宴会通常是人们生活交际的欢快场所，只有贴近生活、接地气的口语才能让人感到亲切，没有距离感。

（6）祝酒词的祝福和夸赞要掌握好分寸，不能过于夸张。

因为夸大的、不符合实际的赞美、溢美之词会让对方感觉受之有愧，自己也会有拍马屁、谄媚的嫌疑。因此，主人和客人在说祝福语的时候，一定要注意好分寸。

（7）祝酒词要有节奏感。如果祝酒的语言有比较好的节奏感、韵律感，会为祝酒增加感染力。韵律感和节奏感不一定非要押韵，可以在通篇结构上，或者语速上体现出来。

往往在酒席宴会开始时，就会讲祝酒词，而祝酒词也是招待宾客的一种礼仪形式。正确的祝酒语言，能发挥出酒的最大魅力，在祝酒词的帮助下，酒能让参与者畅所欲言、激情洋溢，营造出最和谐的气氛，所以酒会被称为酒宴里的精灵、友谊的桥梁……

祝酒词的结构形式分为两种："简约型""书面型"。简约型是将自己美好的祝福用一两句精准的句子表达出来，也可以引用名家的诗句或名人名言来表达自己的心意。书面型是相对正式的表达，全文由以下几个部分构成。

第一部分：标题

书面型的标题可以写成《致辞》《祝酒词》等，也可以由讲话者姓名、会议名称和文种构成，比如《在年会上的祝酒词》《在宴会上的讲话》等。

第二部分：称谓

“各位领导”“女士们、先生们”“朋友们”“同志们”等，都可以作为祝酒词的泛称。为了表示致辞人的热情友好，可以在前面酌情添加修饰语，比如“尊敬的”“亲爱的”“尊贵的”等，如“尊敬的各位来宾”“尊敬的总统阁下”等，以上都是相对正式的称呼。

但在比较私人或相对轻松的场合，可以将称谓表现得相对诙谐。比如在一次老知青聚会上，致辞人开始说道：“亲爱的贫下中农同志们，亲密的战友们”，这句话引来了其他人的会心一笑，让整个酒会的气氛瞬间变得更轻松、更活跃了。

如果是经常联系的老朋友相聚，可以省去更多的礼节，在称呼上可以直接用“各位”，或者“朋友们”，然后直接说祝酒词，省去很多的客套话。

第三部分：正文

正文是祝酒词最主要的部分，无论在任何情况下，主人想向出席者表示欢迎、感谢和问候，都是有一定讲究的。致辞人应该根据宴会的性质、宴请的对象，用简洁的语言概述一下主人的想法，可以回望过去，也可以展望未来。总之，致辞人要争取把自己所要表达的情意，在这段话里全部表达出来。

第四部分：结尾

一般祝酒词常常会用“请允许我，为谁、为什么而干杯”来结束。

比如在新婚宴会上，可以用下面的话：“请各位来宾共同举杯：让我们为两位新人喜结连理，百年好合，干杯！”

在某开业庆典上，可以用：“现在让我们共同举杯：感谢各位来宾的莅临，为我们的事业都能蒸蒸日上，为日后的财源广进，干杯！”

简而言之，祝酒词的目的就是让祝福的阳光温暖每一个人的心房，让大家在这场宴会中惬意自在。

七个妙招，让你优雅地拒酒

第一招：不要水分

当别人敬酒，你想拒绝时可以这样说："只要我们的感情好，能喝多少就喝多少。虽然我喝得少了一点，但我不希望我们的感情中掺杂太多'水分'。我喝的这点也是一滴浓浓的情谊。点点滴滴都是情嘛！"

第二招：做选择题

如果有人要借酒来表达对你的情意，你可以这样说："我们可以做个游戏来表达情意，比如现在有三个选项：A. 拥抱，B. 喝酒，C. 拉手，咱们任选一项。我敬你的话，就让你选；你敬我的话，就应该让我选。现在，我选 A，可以吗？"

第三招：理性喝酒

对于有些人不理性的劝酒，比如有人说："喝！感情铁，喝出血！宁伤身体，不伤感情；宁把肠胃喝个洞，也不让我们的感情有裂缝！"你就可以这样回答："我们要理性喝酒，理性消费。

'留一半清醒，留一半醉，至少梦里有你追随。'我是一个身体和感情都不想伤害的人，如果身体不健康，就不能体现我的感情，那我就成了行尸走肉！为了不伤害你的感情，我喝；但为了不伤害我的身体，我少喝一点，以表诚意。"

第四招：请君入瓮

如果有人要你干杯，你可以巧设"二难"，请君入瓮。你可以试着问他："请你回答我下面的问题，你是愿意当君子，还是愿意当小人？"如果他说愿意当君子，你就说"君子之交淡如水"，为了表达我对您的敬意，这里以茶代酒，敬您；如果他说愿意当小人，你便说"我向来不与小人喝酒"，然后笑着坐下，他也无计可施。

第五招：理解万岁

如果你确实不能饮酒，不妨尝试说服对方，让自己以饮料或茶水代酒。你可以这样问他："我们俩有没有感情？"一般都会答："有！"随后，你就可以顺势说："只要感情有，喝什么都是酒。感情是什么？感情就是理解。理解万岁！"以茶代酒就可以了。

第六招：驳倒对方

哪怕在酒桌上聊得再开心，总结起来就是一个字“喝”。比如有人说：“你不喝这杯酒，就是在嫌我长得丑，不给我面子。”“感情深，一口闷；感情浅，舔一舔。”这时候的劝酒者会把喝酒的多少与人的美丑、感情的深浅联系在一起。你可以这样驳倒他：“如果感情的深浅按照你说的与喝酒的多少成正比，那我们这么深的感情，需要用一杯酒来代替吗？”

第七招：感情到位即可

当有人敬酒，你不想喝时，可以试试这样说：“跟不喜欢的人在一起喝酒，是一种苦痛；跟喜欢的人在一起喝酒，是一种感动。我们能成为好朋友，说明我们的感情到位了。只要感情到位了，不喝也会陶醉。”

第二章

节日祝酒词

——每逢佳节倍思亲

节日祝酒词的特点

中国有很多传统节日，春节、端午节、清明节、重阳节等，每当佳节来临的时候，人们总会举行各种聚会，多半会用酒来助兴。因此，节庆祝酒词的主要特点就是表达出人们在欢度节日时的开心愉快。

作为宴会的主人，在祝福各位宾朋时，你应该注意以下几点。

表达自己的问候

主人应该先向宾客或者员工等表达出自己对他们的节日祝贺和问候。

说明目的

说明自己在这个节日里举办宴会的目的，然后用具体的事例，对宾客、员工等做出的成绩给予肯定和评价。

畅谈感想

最后，可以说说自己的心情、对未来的憧憬和期望。这一段祝词应该语言简练、言简意赅，并充满情感。

为了大家的身体着想，饮酒时要节制，不可以贪杯。在节日宴会中，一般都洋溢着喜庆的氛围，但要时刻谨记酒能助兴，亦能伤身，喝酒时要根据自己的量酌情处理。

节日祝酒词佳句

劳动节、教师节祝酒词

❖ 我是一棵绿树，沐浴着智慧的阳光，在您知识的土壤里，茁壮成长。天的深情，地的厚爱，铭刻在我心里，生生世世，永不忘怀。

❖ 您用勤劳的双手，创造了美好的生活，今天是您的节日，祝您节日愉快！平时工作忙碌碌，趁着五一狂购物。两手不空满载归，慰劳自己绝不误！

❖ 五一，不妨出去走走。不妨放松呼吸，走向绚丽阳光，把发黄的心事交给流水，向远去的雾霭行个注目礼。闻您重担在肩，夙夜匪懈，谨愿百忙之中，起居有节，身心常健，事事常顺。

❖ 追忆似水年华，描述师生情深，在那青涩的年代，老师郑重的嘱托为我们纠正了偏离的航向，是老师坚实的双手托起我们灿烂的明天。

❖ 五彩缤纷的世界里，友情珍贵，在这长长的假日里，祝你快乐！

❖ 别后，漫漫岁月，您的声音，总在我耳畔响起；您的身影，常在我脑中浮现；您的教诲，常驻在我心田……在今天这属于您的日子里，恭祝您平安如愿！

❖ 当我们采摘丰收果实的时候，您留给自己的是粉笔灰染白的两鬓白发。向您致敬，敬爱的老师！

❖ 您就像是蜡烛，点燃自己，照亮别人，也像吐尽青丝的春蚕，为了让年青一代得到攀登科学顶峰的“金钥匙”，您熬白了头发，费尽了心血。在教师节之际祝您身体健康、万事如意！

❖ 让阳光送去美好的期待，让清风送去我们深深的祝福，让白云和蓝天永远点缀你的生活，愿你的生活充满快乐！

新春、元旦、中秋节祝酒词

❖ 愿新年的钟声，敲响你心中快乐的音符，幸运与平安，如春天的脚步紧紧相随！春华秋实，我永远与你同在！

❖ 月圆的夜，是你的夜也是我的夜；藤萝架下听故事，是你的心也是我的心；桂花飘逸，是你的香也是我的香；中秋祝福，是你的愿也是我的愿。

❖ 新春贺喜，让新春的风吹进你的屋子，让新春的雪飞进你的屋子，让我新春的祝愿，飘进你的心坎。

❖ 但愿我寄予您的祝福是最新鲜最令你百读不厌的，祝福你新年快乐，万事如意！

❖ 让平安坐上开往春天的地铁，让快乐与你不见不散，让祝福与吉祥一个都不能少，让你的温馨和浪漫没完没了！祝新年快乐！

❖ 月亮是诗，星空是画，愿所有的幸福伴随你；问候是春，关心是夏，愿所有的朋友真心待你；温柔是秋，浪漫是冬，愿所有快乐跟随你。

❖ 心到，想到，得到，看到，闻到，吃到，福到，运到，财到，中秋节还没到，但愿我的祝福第一个到。提前祝你中秋节快乐！天天好心情！

元旦祝酒词

致辞人：集团董事长

尊敬的各位领导、各位来宾：

大家好！

律回春晖渐，万象始更新。我们告别成绩斐然的2017，迎来了充满希望的2018。值此新春到来之际，我谨代表集团董事局，向全体职员的努力进取和勤奋工作、投资者给予公司的真诚信赖、中外客户的热情支持致以深深的谢意！祝大家在新的一年里身体健康、家庭康泰、心想事成、万事如意。

2017年，在各级经营团队和全体员工的共同努力下，我们集团先后取得了与甲公司合资、夺得A地开发权、进军C产业等振奋人心的重大突破，集团2017年各项经济指标比往年有了较大增长……这些令人欣喜和振奋的成绩证明：我们集团的战略是清晰的，定位是准确的，决策是正确的。通过这些成绩，我们看到了一个充满生机和活力的新形象。在这里，感谢这个伟大的时代，更感谢一年来全体员工的不懈努力！

诚信缔造伟业！面对集团2017年良好的运营状况，员工应有清醒的认识和更为远大的目标。当前，我国的经济生态系统正发生着深刻的变化，中国经济与世界经济已进入一个良性的互动，新财经政策、新竞争环境、新一轮国企改革的启幕……我们集团正面临着前所未有的机遇和挑战！2018 年，我们集团将在“创建国际一流品牌，建设中国百强企业”的进程中，在产业发展和资本运作上次第推进，演绎出浓墨重彩的一章，而留下的将是全体员工的商业智慧和勤奋实干的串串足迹……

创新成就未来！变革创新、知行合一是集团通向未来之路。在当前，变革创新就是完善公司治理结构，建立和完善层次清晰、责任明确的三个层面的管理体制，加大激励力度，实施企业再造与流程创新，在管理力度和管理风格上实现突破，知行合一就是针对不同的层面，在管理上严格要求、在经营上慎重求实、在技术上掌握核心，真正做到战略合理、组织高效、制度完善、流程顺畅、人员精干。

机遇与挑战同在，光荣与梦想共存！我们集团经过管理变革，背靠优秀的企业文化，通过实施多元化、国际化的发展战略，定会迎来更加辉煌的明天！

最后，预祝大家元旦愉快，身体健康，合家欢乐，万事如意！

春节祝酒词

范文赏析一

致辞人：市长

尊敬的各位领导：

在2024年春节即将到来之际，A市委、市政府在这里召开迎春酒会，荣幸地邀请各位领导欢聚一堂，共叙往事今情，喜迎新春佳节。各位曾经在A市工作过的领导，多年来心系A市，关注A市，通过各种方式支持我市的各项事业发展。在此，我代表全市500万人民，向各位领导表示衷心的感谢并致以节日的祝福！

近几年，在上级党委、政府的正确领导和亲切关怀下，在各位领导和朋友的支持、帮助下，A市经济获得了较快发展，社会事业取得了新的进步。这些成绩的取得，是全市各族人民共同努力的结果，更凝结着在座各位领导的心血和汗水。

2024年，我们的目标是：

……

衷心希望各位领导一如既往地支持、帮助A市发展。各位领导熟悉A市，热爱A市，工作能力强，接触面广，也一定会对A市的发展给予更多的关心和厚爱。

多年来，A市人民一直想念着曾在A市工作过的各位领导，想念着在市外工作的各位领导、同志和朋友，也盼望着各位领导在方便的时候多回A市，探亲访友，视察工作，指导和帮助我们把A市的明天建设得更加美好！

现在，我提议：

为我们的事业兴旺发达，为我们的友谊与日俱增，为各位领导春节愉快、龙年吉祥、身体健康、合家欢乐，干杯！

范文赏析二

致辞人：公司董事长

各位女士、各位先生、各位朋友：

大家晚上好！

喜悦伴着汗水，成功伴着艰辛，遗憾激励奋斗，我们不知不觉地走进了2024年。今晚我们欢聚在公司成立后的第八个年头里，我和大家的心情一样激动。

在新年来临之际，首先我谨代表公司向长期关心和支持公司事业发展的各级领导和社会各界朋友致以节日的问候和诚挚的祝愿！

向辛苦了一年的全体员工将士拜年！感谢大家在2023年的汗水与付出。许多生产一线的员工心系大局，放弃许多节假日，夜以继日地奋战在工作岗位上，用辛勤的汗水浇铸了八年不倒的丰碑。借此机会，我向公司各条战线的员工表示亲切的慰问和由衷的感谢。

展望2024年，公司已经站到了一个更高的平台上。新的一年，公司将持续遵循“市场营销立体推进，技术创新突飞猛进，企业管理科学严谨，体制改革循序渐进”的方针，并在去年的基础上继续深化，目的只有一个：全面提升公司的核心竞争能力。我相信，2024年是风调雨顺、五谷丰登的一年，公司一定会更强盛，员工的收入水平一定会上一个台阶！

雄关漫道真如铁，而今迈步从头越。让我们以艰苦奋斗的精神、团结拼搏的斗志去创造新的辉煌业绩！新的一年，我们信心百倍，激情满怀，让我们携起手来，去创造更加美好的明天！

干杯！

劳动节祝酒词

致辞人：集团董事长

各位员工、各位来宾：

大家晚上好！

今晚，我们在这里隆重集会，热烈庆祝“五一”国际劳动节。

首先，我代表集团公司董事会向辛勤工作在公司各个岗位的全体员工和青年朋友，致以亲切的问候和衷心的感谢！

我现在的心情和大家一样激动。集团公司从小到大、由弱到强的发展历程，见证了每一位员工的功劳；集团的每一个进步、每一次成长，都凝结着员工的智慧、心血和汗水。成功代表过去，我们更要面向未来。我希望全体员工一定要认清形势，明确自己肩负的历史使命……

今晚，我很欣慰，因为我们拥有一支优良的团队，为了本次晚会，各部门、各企业在百忙中积极组织，广大员工踊跃参加，热情很高。

我们公司的党、工、团、女工委组织举办这次文艺晚会，丰富了广大员工的文化生活，提升了企业文化内涵，展示了员工们的个性特长。

今后，类似这样的文体活动，我们还要经常开展，这也是落实科学发展观的具体体现，以此推动企业可持续、和谐、健康地发展。

同志们，让我们继续发扬自强不息的精神和团结拼搏的斗志，携手并肩，同舟共济，鼓足干劲，向着更高更远的目标奋进！我们集团的明天一定会更加美好！

最后，让我们共同举杯，预祝晚会圆满成功！谢谢大家！

端午节祝酒词

致辞人：A县县长

尊敬的各位领导、各位来宾、同志们、朋友们：

盛夏六月，A县大地流光溢彩，万象呈辉。在这惠风和畅、湖色旖旎的日子里，我们在这里隆重举行A县第十届“端午游湖”文化节，我谨代表县委、县人大、县政府、县政协及20万A县人民对前来参加这次活动的各位领导、各位来宾表示最热烈的欢迎和衷心的感谢！

A县历史久远，文化璀璨，美丽富饶。

这次“端午游湖”文化节是我县一次集旅游推介、文化交流、体育比赛为一体的盛会。办好这次活动对于加快三大战略实施，促进A县开放开发，加强和推动A县与外界的文化交流与经济技术合作，全方位展示A县丰富的历史文化资源优势、灿烂的文化旅游优势和特色经济发展优势，提升A县知名度，扩大对外吸引力，进一步加快经济社会各项事业全面发展有着十分重要的意义。

希望通过这次活动的举办，让更多的人认识A县，热爱A县，走进A县，投资A县，让更多的信息、文化在活动中得以传播、交流，通过沟通增进友谊，通过沟通激发感知，真正把“端午游湖”文化节办成展示风貌的窗口、对外交流的平台、加速发展的里程碑，真正为全县旅游产业的兴起壮大注入新的生机和活力，以带动和促进全县经济社会的快速、健康发展。

最后，预祝A县第十届“端午游湖”文化节圆满成功。

谢谢大家！

重阳节祝酒词

致辞人：甲单位领导

尊敬的老领导、同志们：

大家好！

今天，我们与各位老领导、老同志欢聚一堂，共同庆祝我国的传统节日重阳节，我由衷地感到兴奋和激动。在此，我代表甲单位全体职工，向各位表示节日的问候，并向你们致以崇高的敬意！

在各位老领导面前，可以说我在甲单位只能算一名新兵。我深知我们单位取得的进步和各位老领导的关心和支持是分不开的，在这里我也希望各位老同志能够一如既往地支持我们的工作，为我们的工作把关，我们这些后辈也一定会以各位老领导为榜样，继续发扬党的优良作风，不断推进甲单位的工作。

一位名人说过，不尊重老人的，不可能是一个真诚的人，更不可能是一个值得信赖的人。尊重老同志，就是尊重党的历史，在你们面前，我们永远是学生；在甲单位这个大家庭里，我们是你们的子女和亲人。我们一定将全体干部都团结起来，做好重视老干部的工作。在生活上要照顾好老同志，在思想上要关心老同志，确保老同志实实在在的生活待遇，为你们解决生活上的难题，努力将服务老同志的工作做得更好。在此，我们也祝愿各位老同志都有一个幸福安详的晚年，能老有所乐，开心快乐地度过每一天。

最后，我代表甲单位全体员工，向各位老领导、老同志献上薄酒一杯，祝你们生活幸福，健康长寿！

干杯！

中秋节祝酒词

致辞人：集团董事长

尊敬的同志们：

大家中秋好！

又是一年一度的中秋佳节，又是一年一度的月圆时分，这是我们中国人非常重视的传统节日之一，也是中国人企盼团圆、庆祝团圆的节日。

在此，我代表A集团向同志们及你们的家人表达最诚挚的祝福：祝大家中秋快乐，家庭幸福！每到中秋都会有一句老话挂在嘴边，那就是“每逢佳节倍思亲”。今天，在这样美好的日子里，公司举行了这次中秋团圆聚会。让我们相聚在一起，共叙家庭、亲情、友情，开怀畅饮，尽情享受这美好的时刻。同志们，让我们手牵手、心贴心，为了我们A集团美好的明天、为了同志们的家庭幸福共同举杯！

国庆节祝酒词

致辞人：A 市市长

女士们、先生们，同志们、朋友们：

大家好！

七十年激情岁月，七十载春华秋实，伟大的中华人民共和国迎来了又一个华诞。在此，我代表 A 市人民政府，向全市人民和在我市工作、生活的海内外朋友，致以亲切的问候！向所有关心和支持我们发展的同志、朋友，表示衷心的感谢！

中华人民共和国成立 70 年来，中国发生了历史性的巨变，中华民族迈开了实现伟大复兴的雄健步伐，神州大地充满生机。

我市处处呈现出欣欣向荣的景象，经济建设保持了良好的发展势头，人民生活进一步改善，科技、教育、文化、卫生等各项事业蓬勃发展。

沧桑巨变今胜昔，明珠熠熠耀前程。中央要求我们率先全面建成小康社会，率先基本实现现代化，这是我们的光荣使命。我市人民要全面贯彻党的十九大精神，求真务实，艰苦奋斗，开拓创新，服务全国，向着社会主义现代化国际大都市和国际经济、金融、贸易、航运中心之一的宏伟目标迈进！

现在，我提议：为庆祝中华人民共和国成立 70 周年，为伟大祖国的繁荣昌盛，为各位来宾和朋友的身体健康，干杯！

教师节祝酒词

范文赏析一

致辞人：向阳学校校长

尊敬的各位领导、全体老师：

大家好！

在这硕果丰收的金秋时节，我们迎来了第三十个教师节。今晚，我们欢聚一堂，共同庆祝大家的节日。在此，我谨代表学校领导，向辛勤耕耘在教育第一线上的老师们致以节日的问候和诚挚的祝福！

百年大计，教育为本。振兴民族的希望在教育，职业教育是教育的一个组成部分，肩负着培养高素质劳动者的重任。发展职业教育的号角已吹响，创办特色学校、构建和谐校园的目标已经明确，我们面对的是新的高度、新的目标、新的任务，我们要把过去的成绩当作新的起点，发扬向阳学校执着、进取的精神，用我们的聪明才智共同把职校的办学水平推向一个新的高度！

你们几十年的春华秋实，散发着永久的芬芳。在大家的辛勤耕耘下，在老领导、老教师们的言传身教和率先垂范下，我们的职校取得了优异的成绩，有了显著的发展。

在教师节来临之际，道一声珍重，说一声祝福！祝老师们身体健康、万事如意、再创辉煌！

最后，让我们共同举杯，为职业教育的发展，为老师们的辛勤劳作，干杯！

范文赏析二

致辞人：二中校长

各位离退休的老领导、老前辈，老师们、同志们：

今天我们欢聚一堂，美酒佳肴，笑语盈盈，共同庆祝我们自己的节日——第二十二个教师节。首先我代表A市第二中学党总支、校长室，对各位在过去的日子里为二中事业的发展所做出的卓越贡献表示崇高的敬意和深深的感谢！

在过去的一年里，新时代的二中在各位的共同努力下，继续高歌猛进、阔步向前。历时两年的老校改造，以先进的设计理念，把学校丰富的人文内涵和独特的艺术魅力表现得淋漓尽致，堪称老校改造的典范，为二中未来的发展奠定了坚实的物质基础和深刻的文化内核。

……

“乘风破浪会有时，直挂云帆济沧海”，让我们以敢立潮头的豪迈气概以及在一切艰难险阻面前勇敢执着、坚不可摧的刚毅品格，向新的更高的目标阔步迈进。

祝全体同人节日愉快，身体健康，全家幸福，万事如意！我提议，我们共同举杯，为二中光辉灿烂的明天，干杯！

第二章

婚宴祝酒词

——喜结良缘，百年好合

婚宴敬酒礼仪和祝酒词结构

人生有四喜：“久旱逢甘露，他乡遇故知，洞房花烛夜，金榜题名时。”结婚作为重要的人生大事，将给每个人留下弥足珍贵的记忆。其中，新郎新娘敬酒是婚礼极为重要的一环。和其他时候的礼仪一样，敬酒时，也有一些礼节需要遵循。首先，在场面盛大的婚宴上，举办方务必提前准备麦克风，让每一个向新人敬酒的宾客都有麦克风可使用，避免来宾听不清祝酒词的尴尬。

如果婚礼人数较少，邀请的宾客都是亲朋好友，新郎新娘可以坐着敬酒，但如果婚礼人数较多，敬酒时就必须站起身，以示尊重。敬酒者可以先说句开场白来吸引来宾的注意，比如“各位女士，各位先生，我想向李先生（小姐）敬个酒”，或者也可以不必过于正式，声音只要比正常说话时大一点儿就可以，比如说“现在我想讲一些话”。如果敬酒人性格腼腆，不喜欢大声说话，也可以用敲杯沿的方式来引起来宾的注意，可不要过于用力，以免敲碎杯子。

来宾向新人致意时，话语中可以表达出自己对他们的关怀，语气可以幽默风趣，可以率真感人，甚至可以戏谑。最好在致意之前，提前演练一遍，这样可以修正自己的态度。

婚嫁祝酒词是在结婚典礼仪式上发表的，以赞颂新郎、新娘的人品，夸奖郎才女貌的般配，并祝愿他们婚后幸福美满、白头偕老等为中心内容的演讲。婚礼祝酒词内容多种多样，重点在于给予新人良好的祝愿，只要符合喜庆气氛就好。通常，每次敬酒的时间控制在三分钟以内。

婚嫁酒宴祝酒词由以下几部分组成。

第一部分：称呼

因为说祝酒词的人身份不同，所以称呼也是不同的。

第二部分：表达谢意

如果是新郎或新娘的父母致祝酒词，首先应该对来宾表示感谢。比如："今天是犬子与李小姐的大喜之日（今天是小女和张先生的大喜之日）。作为新郎（新娘）的父亲，我谨代表全家向大家百忙之中赶来参加二人的结婚典礼表示衷心的感谢和热烈的欢迎！"

如果是新郎致祝酒词，首先应该对所有来宾表示感谢。比如："今天我和李小姐结婚，我们的长辈、亲戚、知心朋友和领导在百忙之中远道而来参加我们的婚礼庆典，在此，我谨代表我的妻子、我的家人欢迎大家的到来，感谢领导的关心，感谢朋友们的祝福。谢谢！"

如果是亲朋好友或者是单位领导致辞，首先应该对新郎、新娘的幸福结合表示祝贺。比如："良辰美景，新人成双。今天，李佳佳和张晨晨喜结连理，我向你们表示由衷的祝福，衷心祝愿你们幸福美满、白头偕老！"

第三部分：正文核心

如果是新郎致祝酒词，可以表达对父母的感激之情，也可以讲述自己与新娘的浪漫爱情史——是对新娘一见钟情，还是因兴趣相同在一起，或是历尽艰辛结合等情史。如果是新郎或新娘的父母致祝酒词，要表达出对新郎、新娘新婚的祝贺，送来长辈的期望。如果是亲朋好友或者是单位领导致辞，可以叙述几句对他们结婚一事的感想，最好讲一些自己了解的有关新郎、新娘之间的爱情经历。

第四部分：致以祝福

如果是新郎致祝酒词，可以对来宾表示祝愿、祝福。比如："祝各位万事如意，合家幸福。"

如果是亲朋好友、长辈父母致辞，应该是对新郎和新娘的未来表达美好的祝愿。比如："我祝你们小夫小妻月圆花好，白头到老！""祝你们早生贵子，永远幸福。""祝你们永结同心，携手百年！"

总而言之，祝酒词的形式是不拘一格的，祝酒词的内容是丰富多彩的。越贴近现场实际，越结合新人的交往史，就越亲切，越能烘托喜庆气氛。

一篇好的祝酒词需要做到三个字：多用一些"喜"字，写出一个"趣"字，突出一个"赞"字。

多用一些“喜”字

婚礼上最突出的特点就是“喜”，结婚时一定要将剪着“囍”字的纸贴在各处，当新郎、新娘双双步入殿堂，宾客掌声四起的时候，一篇喜气洋溢的婚礼致辞，会令这场婚礼喜上加喜。多用一些喜庆的字就可以营造出浓烈的喜庆氛围，届时高朋满座，喜气盈门。比如“喜、红、良、吉、新、佳、美”等，这样的祝酒词才能与热烈的祝贺之意相得益彰。

写出一个“趣”字

“趣”是祝酒词中的一个重要元素，尤其是婚礼祝酒词一定要写出一个“趣”字。

因为趣能生乐，婚礼祝词是使人“乐”的演讲，使来宾“乐”，使新郎、新娘“乐”，帮助大家在欢声笑语中度过这段难忘的时光，争取给所有人都留下美好的回忆。

这就要求，祝酒词要写得妙趣横生、趣味无穷，才更能衬托出婚礼的喜庆氛围。这就需要根据不同的婚礼特点，发现每场婚礼的亮点，找到它和别人的婚礼与众不同的地方，调动一切有效的艺术手法，写出喜剧效果。

这里需要注意的是，“趣”并不是低俗，需要掌握好正文内容的分寸，免得在座的宾客尴尬。

突出一个“赞”字

婚礼祝酒词要用主要的篇幅来赞美新郎、新娘，以及他们的恋爱、姻缘的美满。可以赞美新郎、新娘积极向上的追求，可以赞美新郎、新娘的美好品德，可以赞美新郎、新娘温良敦厚的性格，也可以赞美新郎、新娘俊美出众的才貌，这里有很多，就不一一举例了。新郎的祝酒词要用主要的篇幅来赞美新娘，或者赞美新娘的双亲，又或者赞美自己的双亲，这就使这篇祝词言之有物。只要将祝贺的情感表达得热烈真切，富有感染力，书写充实饱满的内容，就能为婚礼增添一份美好的回忆。

婚宴祝酒词佳句

亲人、长辈祝酒词

❖ 愿你俩用爱去呵护着对方，彼此互相体谅和关怀，共同分享今后的苦与乐。敬祝百年好合，永结同心！

❖ 愿你们二人和睦相爱，彼此相爱、相顾，互相体谅、理解，共同努力、向前！

❖ 愿你们的家园如同伊甸园般美好和谐，在地如同在天！

❖ 今天成为夫妻，从今以后，你们要互敬、互爱、互谅、互帮，以事业为重，用自己的聪明才智和勤劳去创造美好的未来。

❖ 今天是你们喜结良缘的日子，我代表我家人祝贺你们，祝你俩幸福美满，白头偕老！

主婚人、证婚人祝酒词

❖ 洋溢在喜悦的天堂，披着闪闪月光，感叹：只羡鸳鸯不羡仙。

❖ 结婚是人生中一个新的里程碑，也意味着你们从今以后要肩负起社会和家庭的重任。此时此刻，新郎新娘结为恩爱夫妻。从今以后，你们要一生一世忠贞不渝地呵护对方，永远心心相印，幸福美满。同时还要互敬互爱，尊老爱幼，孝敬双方父母，常回家看看。

❖ 在这春暖花开、群芳吐艳的日子里，愿你俩永结同好，正所谓天生一对、地造一双！祝愿你俩恩恩爱爱，白头偕老！

❖ 愿你们一生听从圣经，孝敬长辈，友爱邻舍，好使你们在世得福百倍，将来大得赏赐！

❖ 在这喜庆祝福的时刻，愿神引导你们的婚姻，如河水流归大海，成为一体，并且奔腾不已，生生不息！

❖ 两情相悦的最高境界是相对两无厌，祝福一对新人真心相爱，相约永久！

主婚人祝酒词

致辞人：主婚人

尊敬的各位来宾、女士们、先生们：

大家好！今天，是张晨晨先生和李佳佳小姐的大喜之日。在此，我首先向新郎、新娘表示热烈祝贺，向来参加婚礼的来宾朋友表示热烈欢迎和衷心的感谢。

月下老人巧牵线，世间青年喜成婚。张晨晨先生精明强干、思想进步，李佳佳小姐秀外慧中、美丽善良，他们是一对积极向上的好青年。他们两人经过相识、相爱、相盼、相守，最终走到今天完美结合，他们的爱情是真诚的、永恒的，他们的婚姻是幸福的、神圣的。

我以主婚人的名义并代表大家，希望一对新人在家互敬互爱、尊老爱幼、合理分工、和睦相处，在外相互支持、相互鼓励、比翼双飞，用忠心、孝心、诚心、爱心、恒心处理家庭和工作问题。

证婚人祝酒词

致辞人：证婚人

尊敬的各位来宾：

大家好！

今天，我蒙新郎、新娘错爱，担任张晨晨先生同李佳佳小姐结婚的证婚人，感到万分荣幸。

在这神圣而又庄严的婚礼仪式上，能为这对珠联璧合、佳偶天成的新人做证致婚辞而感到分外荣幸，也是难得的机遇。

新郎、新娘均为新时代的杰出青年。新郎张晨晨大学毕业后，凭着自身的聪明才智与不懈的理想追求，积极进取，努力拼搏，已跻身于企业高管人才的行列；新娘李佳佳，也是大学毕业，后又考取北大研究生，“巾帼不让须眉，日月争光辉”，现在也成为一名高管人才。

二人自大学相识相恋，历经 11 年爱之旅程。11 年，共同浇灌爱情树，根深蒂固，一枝一叶总关情；11 年，彼此呵护共风雨，海誓山盟，经受任何考验与洗礼；11 年，携手踏上创业路，互相勉励，历尽艰辛化坦途；11 年，情独钟，爱无怨，山可证，水可鉴，比翼双飞翔蓝天，山高水远共婵娟。

此时此刻，新郎、新娘结为恩爱夫妻，从今以后，无论贫富、疾病、环境恶劣、生死存亡，你们都要一生一心一意、忠贞不渝地爱护对方。在人生的旅程中永远心心相印、白头偕老、美满幸福。

让我们斟满酒，举起杯，共同祝愿二位新人永浴爱河，家庭美满。爱情之树结硕果，创业路上奏凯歌。

谢谢大家！

新人祝酒词

致辞人：新郎

尊敬的各位领导、亲朋好友：

大家好！

今天我由衷地开心和激动，一时间纵有千言万语却不知从何说起。但我知道，这千言万语最终只能汇聚成两个字，那就是“感谢”。

感谢我们的长辈、亲戚、知心朋友和领导在百忙之中远道而来参加我们的婚礼庆典，给今天的婚礼带来了欢乐、带来了喜悦、带来了真诚的祝福。

借此机会，要感谢李佳佳的父母，我想对您二老说，您二老把手上唯一的一颗掌上明珠交付给我这个年轻人保管，谢谢你们对我的信任，我绝不会辜负你们的托付，但我要说，可能这辈子我也无法让你们的女儿成为世界上最富有的女人，但我会用我的生命使她成为世界上最幸福的女人。

同样，我也要感谢可敬可爱的父母把我养育成人，让我拥有今天美好的人生。

请大家与我们一起分享这幸福快乐的时光。

最后，祝各位万事如意、合家幸福。

谢谢！

新人父母祝酒词

范文赏析一

致辞人：新娘父亲

各位来宾、各位至亲好友：

大家好！

今天是我的女儿李佳佳、女婿张晨晨结婚的大喜日子，各位亲朋好友在百忙之中前来祝贺，我代表全家向各位朋友的到来，表示热烈的欢迎和衷心的感谢！

作为新娘的父亲，借此良机对我的女儿、女婿提出如下要求和希望：希望你们俩要把今天领导的关心、大家的祝福变成工作上的动力，为祖国的富强，你们要在各自的工作岗位上多贡献青春和力量，携手并肩，比翼齐飞。从今天起，你们俩要互敬互爱，在人生漫长的道路上建立温馨幸福的家。希望你们俩同甘共苦、共创业，永结同心，百年好合。

在这里还需要一提的是，我非常高兴我的亲家培养了一个优秀的好儿郎，我也非常庆幸我们家得到一位能干、孝顺的好女婿。我真诚地希望新亲、老亲互相往来，世世代代友好相处。

今天，为答谢各位嘉宾、各位朋友的深情厚谊，借泰和酒店这块宝地，为大家准备点清茶淡饭，不成敬意。菜虽不丰，是我们的一片真情；酒虽清淡，是我们的一片热心。若有不周之处，还望各位海涵。

另外，我要感谢今天幽默、口吐莲花的主持人，使今天的结婚盛典更加热烈、温馨、祥和。

让我再一次谢谢大家。干杯！

第四章

生日祝酒词

——年年今日庆生辰

懂得敬酒礼仪，给生日宴锦上添花

生日宴会，亲朋好友欢聚一堂，气氛热烈。在这种场合，无论主人还是客人，懂得敬酒的礼仪，不仅能够体现自身的修养，还能让主人更有面子，使宴会的氛围更加融洽。敬酒是一门艺术，如何掌握好时间、发挥口才，以及适时插入一些话题，体现了你的交际能力和反应能力。同时，敬酒的技巧也是千变万化的，即使你不善饮酒，也可以借助饮料或水等替代性饮品，通过语言、动作、表情等达到敬酒的效果。

一般来说，向别人敬酒时不宜次数过少，这样会显得你不够尊重，有失礼节。如果你的身边还坐着领导，那么向别人敬酒时也要有技巧，可以说一句“我代领导敬您一杯”，这样就顾及了双方的身份和地位。在别人敬酒时，不要乱掺和。有人现场致辞时，其他在场者应停止进餐或饮酒，礼貌地坐在座位上面向致辞者，倾听他的发言。即使你看不惯别人的一些行为或言语，也不要小声讥讽或大声反对，这样会显得你很失礼。

虽然中国自古就有“无酒不成席”的说法，但是古人却并不讲究“感情深，一口闷”，而是认为劝酒不应强人所难。

古代的宴席有礼貌待客的传统，因此对于不胜酒力甚至滴酒不沾的宾客都很宽容，可以采用其他饮品代替。比如，《汉书·楚元王传》就记载，汉时楚元王刘交礼遇申公、穆生、白生等人。穆生不爱饮酒，而元王每次设宴时，都特意给穆生准备酒精度不高的甜酒。另外，据《三国志·吴书·韦曜传》记载，吴主孙皓宴客，韦曜不善饮酒，于是孙皓赐以茶水当酒。可见，古时就有以茶代酒的礼仪。

假如你酒量不好的话，在宴会上就不要逞强，非要喝到“一醉方休”不可。饮酒过量不仅对健康不利，还容易招致不必要的麻烦。我国的古语里早就有“酒是伤人物”“酒乃色媒人”之说。在饮酒之前，应该对自己的酒量有一个清晰的认识，尤其是在一些比较重要的酒席上，更要控制好自己的饮酒量，以免醉酒误事。

如果你从不喝酒，或者因为健康、开车等原因不能饮酒，可用以下方法，礼貌地拒绝他人劝酒。第一，说明不能饮酒的客观原因。第二，以其他饮品代酒。第三，请亲友、下属或晚辈代为饮酒。不要在他人为自己斟酒时躲躲闪闪，乱推酒瓶，敲击杯口，倒扣酒杯，或者把自己的酒倒入别人杯中，尤其是把自己喝了一点的酒倒入别人杯中，更是非常不礼貌的。

所以，在生日宴会上，无论主人还是客人，都要把握好敬酒、饮酒的度，不强人所难，也不逞强好胜，掌握好敬酒礼仪。

生日祝酒词佳句

我愿是叶尖上的一滴水珠，从清晨到夜晚对你凝视，在这个特殊的日子里，化为一声默默的祝福。

您用母爱哺育了我的灵魂和躯体，您的乳汁是我思维的源泉，您的眼里系着我生命的希冀。我的母亲，我不知如何报答您，仅祝您生日快乐！

娇艳的鲜花，已为你开放；美好的日子，已悄悄来临。祝你生日快乐！

今天有了你世界更精彩，今天有了你星空更灿烂，今天因为你人间更温暖，今天因为你我感觉更幸福！

这是郁金香的日子，也是你的日子。愿你每年这一天都芬芳馥郁！

有树的地方，就有我的思念；有你的地方，就有我深深的祝福，祝你生日快乐！

今天是你的生日，但你不在我的身边。在这春日的风里，做一只风筝送你，载有我无尽的思念。

梦中萦怀的母亲，您是我至上的阳光，我将永远铭记您的养育之恩——值此母亲寿辰，敬祝您健康如意，福乐绵绵！

这一份爱意深深埋藏于心底，整整澎湃了一个世纪的轮回，直到相聚的日子来临，才汹涌成鲜丽欲燃的炽情，生日快乐！

今天是你生日，很想和你一起过。水仙花开了，等你回来。

祝生日快乐，开心永远。

❖ 满头华发是母亲操劳的见证，微弯的脊背是母亲辛苦的身影……祝福年年有，祝福年年深！

满月宴祝酒词

致辞人：小寿星父亲的朋友

各位来宾、各位朋友：

佳节方过，喜事又临。今天是我们张一先生千金满月的大喜日子，在此，我代表来宾朋友们向张一先生表示真挚的祝福。

在过去的时光中，当我们感悟着生活带给我们的一切时，我们越来越清楚人生最重要的东西莫过于生命。张一先生在工作中是一个严谨、奋进、优秀的人，相信他也会做一个好父亲。他奉献给这美丽新生命的一定是无比美妙的歌声。

让我们祝愿这个新的生命——张一先生的千金，也祝愿各位朋友的下一代，在这个祥和的社会中茁壮成长，成为国家栋梁之材！为大家的健康，为我们的快乐，干杯！

百天宴祝酒词

致辞人：小寿星的父亲

各位亲朋好友：

大家晚上好。

今天是我儿子张宝的百天日，各位亲朋好友能够在百忙之中抽出时间为我们庆贺，首先让我代表我的家人向各位的到来表示最衷心的感谢！感谢你们的光临！感谢你们的祝福！感谢你们多年来对我们的大力支持！

这些年来，本人得到了各位朋友的热情关怀和无私帮助，使我们处处得到照顾、时时感到温暖，虽身在他乡，却亲如故乡，情如甘泉，而且能够在这里扎根、发展，到如今又中年得子，了却人生一件大事，此时此刻我知道了什么是人间的幸福，终于感到了做父亲的光荣，更加明确了今后的奋斗方向。

朋友们，现在就让我们趁着良宵美景，借朗朗明月，举杯畅饮，欢聚一堂，共叙情怀，干杯！

周岁宴祝酒词

致辞人：小寿星的母亲

各位领导、各位亲友：

新年好！

首先对大家今天光临我女儿的周岁宴会表示最热烈的欢迎和最诚挚的谢意！此时此刻，此情此景，我和丈夫心情很激动，面对这么多的亲朋好友齐聚一堂为我女儿的周岁生日庆祝，我们感慨颇多，想“借题发挥”，一吐为快。

为人父母，方知辛劳。女儿今天刚满一周岁，在过去的365天中，我和丈夫尝到了初为人母、初为人父的幸福感和自豪感，但同时也真正体会到了养育儿女健康成长的无比辛劳。今天在座的有我的父母，还有公公婆婆，对于他们30年的养育之恩，我们无以回报。今天借这个机会向四位老人深情地说声：谢谢你们！我们衷心地祝你们健康长寿！

过去的日子里，在座的各位朋友曾给予我们许许多多无私的帮助，让我们感到无比的温暖。人们常说：“亲戚是命中注定的，朋友是自己选择的。”“财富不是朋友，朋友却是财富。”今天，我和丈夫为有这样一笔宝贵的财富而感到骄傲和自豪。在此，请允许我代表我们一家三口向在座的各位亲朋好友表示十二万分的感激！现在和未来的时光里，我们仍奢望各位亲朋好友善意地批评教导，真诚地提携奖掖。

今天以我女儿周岁生日的名义相邀各位至爱亲朋欢聚一堂，菜虽不丰，但是我们的一片真情；酒纵清淡，但是我们的一份热心，若有不周之处，还盼各位海涵。

来，让我们共同举杯，祝各位身体安康，万事如意！干杯！

三十岁生日祝酒词

致辞人：寿星

各位亲爱的朋友：

非常感谢大家的光临，来庆祝我的三十岁生日。

常言道：三十岁是美丽的分界线。三十岁前的美丽是青春，是容颜，是终会老去的美丽。而三十岁后的美丽，是内涵，是魅力，是永恒的美丽。

如今，与二十岁的天真烂漫相比，已经不见了清纯可爱的笑容；与二十五岁的健康活泼相比，已经不见了咄咄逼人的好战好胜。但接连不断的得失过后，换来的是我坚定的自信、处变不惊和一颗宽容忍耐的心。

三十岁，这是人生的一个阶段，无论这个阶段里曾发生过什么，我依然怀着感恩的心情说“谢谢”！谢谢父母赐予我的生命，谢谢我生命中健康、阳光的三十岁，谢谢三十岁时我正拥有的一切！

我是幸运的，也是幸福的。我从事着一份平凡而满足的工作，上天赐给我一个爱自己的老公和一个健康聪明的孩子；健康、关爱我的父母给了我一份内心的踏实，和我能真正交心的知己使我的内心又平添了一份温暖。我希望，在今后的人生路上，自己能走得更坚定。

为了这份成熟，为了各位的幸福，干杯！

六十大寿祝酒词

致辞人：寿星的女儿

尊敬的各位朋友、来宾：

你们好！

值我父亲花甲之年、生日庆典之日，我代表我的父母、我们姐弟二人及我的家族向前来光临寿宴的嘉宾表示热烈的欢迎和最深挚的谢意！

我们在场的每一位都有自己可敬的父亲，然而，今天我可以骄傲地告诉大家，我们姐弟有一位可亲、可敬、可爱的世界上最最伟大的父亲！

爸爸，您老人家含辛茹苦地抚养我们长大成人，多少次，我们把种种烦恼和痛苦都撒向您那饱经风霜、宽厚慈爱的胸怀。爸爸的苦，爸爸的累，爸爸的情，爸爸的爱，我们一辈子都难以报答。爸爸，让我代表我们姐弟，向您鞠躬了！

在此，我祝愿爸爸您老人家福如东海水，寿比南山松。愿我们永远拥有一个快乐、幸福的家庭。

最后，祝各位嘉宾万事如意，让我们共同度过一个难忘的今宵，谢谢大家！干杯！

八十大寿祝酒词

致辞人：寿星的儿子

尊敬的各位来宾、各位亲朋好友：

晚上好！

今天是十月九日，我们欢聚在这里，为我的父亲大人共同庆祝八十岁生日。

值此举家欢庆之际，承蒙各位嘉宾前来为家父祝寿，在此我谨代表家父的儿女向在座的各位亲朋好友表示最热烈的欢迎，并致以最衷心的感谢。

父亲在我心中是个了不起的人，他有着不平凡的经历。忆往昔，家父大人不仅为祖国的钢铁事业做出了巨大的贡献，而且也将我们兄弟姊妹六人培养成人。

家父给予我们的爱无以言表，他那诚实善良的朴素品格，他那宽厚待人的处世之道，他那严爱有加的朴实家风，无不潜移默化地影响着我们；父亲的谆谆教导和殷切希望，无时无刻不在鞭策和鼓励着我们。

没有父亲也就没有我们的今天，父亲的爱重如山，我们为父亲感到骄傲和自豪。

今天，这里高朋满座，让寒冷的冬天有了春天般的温暖。谁言寸草心，报得三春晖。

在您八十大寿之际，我们祝愿您生活之树常绿，生命之水长流，衷心祝愿您老人家健康长寿：福如东海长流水，寿比南山不老松。

同时也祝福在座的所有来宾身体健康、工作顺利、合家欢乐、万事如意！

百岁寿诞祝酒词

致辞人：向阳学校领导

各位老师、各位来宾：

今天我们济济一堂，隆重庆祝李先生百岁华诞。在此，我首先代表学校并以我个人的名义向李先生表示热烈的祝贺，衷心祝愿李先生身体健康！

同时，也向今天到会的各位老师表示诚挚的谢意，感谢大家多年来为物理系的发展，特别是电力学科建设所做出的积极贡献！

李先生是物理学科的开拓者和学术带头人之一，也是我国物理研究领域的一位重要奠基人。李先生德高望重，学识渊博，在长达六十年的教学和研究生涯中，他淡泊名利，不畏艰难，孜孜不倦，不仅为物理系，而且为当代中国的电力学科建设以及人才培养做出了卓越的贡献。

李先生不仅著书立说，为学术界贡献了许多足以嘉惠后学的优秀学术论著，而且教书育人，言传身教，培养了许多优秀的人才。

几十年来，李先生以自己的学识和行动，深刻影响和感染了他周围的同事和学生，为后辈学人树立了道德和学术的楷模。

在李先生百岁寿辰之际举行这样一个庆祝会，重温他的学术经历，是非常有意义的，必将激励大家以李先生为榜样，进一步推进全校的师德建设和学科建设。

最后，再次衷心祝愿李先生身体健康！祝物理系更加蓬勃发展！请大家干杯！

谢谢大家！

领导生日祝酒词

致辞人：同事代表

各位朋友、各位来宾：

你们好！

今天是张先生的生日庆典，受邀参加这一盛会并讲话，我深感荣幸。在此，请允许我代表公司并以我个人的名义，向张先生致以最衷心的祝福！

张先生是我们公司的重要领导核心之一。他对本公司的无私奉献我们有目共睹，他那份“有了小家不忘大家”的真诚与热情，更是多次打动过我们的心弦。

……

他对事业的执着令同龄人为之感叹，他的事业有成更令同龄人为之骄傲。

在此，我们祝愿他青春常在，永远年轻！更希望看到他在步入金秋之后，仍将傲霜斗雪，流香溢彩！

人海茫茫，我们只是沧海一粟，由陌路而朋友，由相遇而相知，谁说这不是缘分？路漫漫，岁悠悠，世上不可能还有什么比这更珍贵。我真诚地希望我们能永远守住这份珍贵。在此，请大家举杯，让我们共同为张先生的六十华诞而干杯！

父母生日祝酒词

致辞人：寿星的儿子

尊敬的各位领导、各位长辈、各位亲朋好友：

大家好！

在这喜庆的日子里，我们高兴地迎来了我敬爱的父亲（母亲）七十岁的生日。今天，我们欢聚一堂，举行父亲（母亲）七十华诞庆典。这里，我代表我们兄弟姐妹和我们的子女大小共十人，对所有光临寒舍参加我们父亲（母亲）寿礼的各位领导、长辈和亲朋好友，表示热烈的欢迎和衷心的感谢！

我们的父亲（母亲）几十年含辛茹苦、勤俭持家，把我们一个个拉扯长大成人。常年的辛勤劳作，他们的脸上留下了岁月刻画的年轮，头上镶嵌了春秋打造的霜花。所以，在今天这个喜庆的日子里，我们首先要说的就是，衷心感谢二老的养育之恩！

……

我们相信，在我们兄弟姐妹的共同努力下，我们的家业一定会蒸蒸日上，兴盛繁荣！我们的父母一定会健康长寿，老有所养，老有所乐！

最后，再次感谢各位领导、长辈、亲朋好友的光临！

再次祝愿父亲（母亲）晚年幸福，身体健康，长寿无疆！干杯！

朋友生日祝酒词

致辞人：寿星的好友

各位来宾、各位亲爱的朋友：

晚上好！

烛光辉映着我们的笑脸，歌声荡漾着我们的心湖。踏着金色的阳光，伴着优美的旋律，我们迎来了张先生的生日，在这里我谨代表各位好友祝张先生生日快乐，幸福永远！

在这个世界上，人不可以没有父母，同样也不可以没有朋友。没有朋友的生活犹如一杯没有加糖的咖啡，苦涩难咽，还有一点淡淡的愁。因为寂寞，因为难耐，生命将变得没有乐趣。

朋友是我们站在窗前欣赏冬日飘零的雪花时手中捧着的一盏热茶；朋友是我们走在夏日大雨滂沱中时手里撑着的一把雨伞；朋友是春日来临时吹开我们心中冬的郁闷的那一丝春风；朋友是收获季节里我们陶醉在秋日私语中的那杯美酒……

来吧，朋友们！让我们端起芬芳醉人的美酒，为张先生祝福！祝你事业正当午，身体壮如虎，金钱不胜数，干活不辛苦，悠闲像老鼠，浪漫似乐谱，快乐莫你属！干杯！

第五章

开业祝酒词

——瑞气迎祥，开业大吉

开业祝酒词的结构

无论是包子铺开张、面馆开业，还是大型超市、酒店开张，为了讨个好彩头，一般都会在开业当天举办开业庆典。虽然开业庆典只是一个简单的程序化庆典活动，但它却是展现经济实体的第一步，也是给企业打广告的好机会。有些人非常喜欢对比，通常会将两个差不多规模企业的开业庆典进行比较，提前在心里作个预判，比如某酒店举行开业庆典，他们首先想到的是，与其同等规模的其他酒店开业时的状况。通过对比，会对新开业的酒店产生自己的认知判断，如果对酒店的印象好，就会提高对酒店的信赖程度，成为该酒店的潜在顾客。客观看，开业庆典就是社会地位与经济实力的充分展示。

开业庆典的规模与气氛，代表了一个企业的风范和实力。因为企业通过开业庆典的宣传，告诉顾客，有一个优秀伟大的企业诞生了。开业庆典是一个经济实体的外貌展现，给顾客留下一个怎样的印象，迈好第一步尤为关键。

那么，如何迈好第一步呢？适当运用庆典的道具和选择适合的庆典仪式方案尤为关键，无疑是挂“帅”点“将”。从来宾出席情况到庆典氛围的营造，以及庆典活动的整体效果，都会给人一个全面的诠释。

以下四个部分组成了开业祝酒词的结构。

称呼

“亲爱的朋友”“尊敬的各位来宾”等，只要是亲切的尊称都可以，注意称呼要考虑对象。

开头

开头要向来宾的光临和支持表示真挚的感谢。

正文

可以简单介绍一下企业的一些优势、特点和其提供的服务功能。

结尾

对来宾表示自己的祝福。

在致开业祝酒词时，一定要顾及所有邀请的目标公众。只有照顾到所有来宾，才能维护好关系，绝不能疏忽大意，顾此失彼，这样才能为企业的发展奠定良好的基础。

开业祝酒词佳句

❖ 这滚滚东去、一泻千里的大江，是最令人仰慕的。愿我们都有大江似的抱负、大江似的理想、大江似的气魄、大江似的事业！

❖ 穿越有梦，穿越的梦需要穿越人精诚团结，努力开拓，奋力实现；穿越有梦，穿越的梦更需要新老朋友携手相助，共同托起！再次感谢各位领导和嘉宾的光临，你们的关心和关怀是对我们最大的鼓励和有力的支持！

❖ 我们坚信：公司一定会更加兴旺发达，公司的明天一定会更好。

❖ 朋友，祝事业越办越红火！大展宏图！

❖ 一纸信笺，一份真情，一份信念，祝开业吉祥，大富启源！

❖ 开拓事业的犁铧，尽管如此沉重，但您以非凡的毅力，毕竟一步一步地走过来了！愿开工典礼的掌声，化作潇潇春雨，助您播下美好未来的良种！

❖ 美好祝愿展翅飞，友谊事业皆增辉。

❖ 从你身上，我感受到力的庄重，闻到创业者身上泥土的气息，看到了人生惊人的创造力。

❖ 你面对挑战总是那么自信！祝贺你，又成功向前迈了一步。

❖ 成功者的经验在于用挫折铸成矛，刺向未来道路上的重重障碍。愿您持矛奋勇前进！

❖ 您不图舒适和轻松，承担起艰巨的重负，在别人望而却步的地方，开始了自己的事业。我由衷地预祝您成功！

❖ 幽香拂面，紫气兆祥，庆开业典礼，祝生意如春浓，财源似水来！

酒店开业祝酒词

致辞人：单位领导

各位领导、各位嘉宾，女士们、先生们：

大家好，金秋时节，清风送爽，丹桂飘香。

今天，泰和大酒店开业庆典仪式在这里隆重举行。我谨代表A市房产管理局向为酒店建设付出心血和汗水的全体施工管理者和工程建设者表示亲切的问候！

千秋伟业千秋景，万里江山万里美。我局按四星级标准投资建设的泰和大酒店于2021年5月破土动工以来，全体建设管理者和工程建设者克服地质复杂、施工难度大、资金紧缺等方面的困难，经过两年多的奋力拼搏，保证了酒店顺利开业。

泰和大酒店的建设和开业，是我局实现房产经济由管理型效益向经营管理型效益转变的重大举措，对提升整个A市旧城区的档次，打造旅游名市，增添了流光溢彩的新一页。

有朋自远方来，不亦乐乎。酒店开业之后，我们希望酒店管理公司和全体职员要强化管理，规范运作，热忱服务，爱岗敬业，尽心尽力把泰和大酒店做成K省有品位、有档次、有影响、有效益的一流酒店。

最后祝各位领导、各位嘉宾身体健康，生活幸福，事业兴旺！祝泰和大酒店开业大吉，生意兴隆，鹏程万里！

公司开业祝酒词

致辞人：A公司领导

尊敬的各位领导、各位来宾，女士们、先生们：

上午好！今天是A公司开业的日子，我谨代表A公司全体员工向在百忙之中抽出时间出席开业庆典的各位领导和来宾表示热烈的欢迎和衷心的感谢！正当举国上下欢庆大会胜利召开之际，A公司正式挂牌成立，这有着特殊的、积极的、深刻的意义。文化产业不论是在国际还是在国内，已经有着良好的发展态势和发展环境。纵观当今世界，文化产业已经成为发达国家国民经济收入的主要来源。A公司的奋斗方向就是要培养、塑造企业文化，发掘、提炼地区文化，精选、传播民族文化，成为先进文化的传播者，最终屹立于先进文化之林。

……

各位领导，各位来宾，A公司的梦想需要全公司人员的精诚团结、努力开拓来实现，更需要新老朋友携手相助，共同托起！

再次感谢各位领导和嘉宾的光临，你们的关心和关怀是对我们最大的鼓励和有力的支持！

最后，祝愿大家身体健康，万事如意，干杯！谢谢！

婚纱影楼开业祝酒词

致辞人：影楼经理

各位来宾、各位朋友：

大家好！

金秋的阳光温馨恬静，十月的秋风和煦轻柔，仰望蓝天，白云飘逸悠然。在这硕果飘香的喜庆之日，大型婚纱影楼——世际影楼隆重开业了！值此开业之际，我谨代表世际影楼的全体员工，向各位宾朋的到来表示热烈的欢迎和诚挚的感谢！

世际影楼婚纱影楼经过精心装修，投入巨资，打造了超豪华实景影棚，新购多款当今世界流行时尚的极品婚纱、礼服，聘请具有新思想、新理念、新摄影手法的婚纱摄影界领军摄影师和引领时尚主题的化妆造型师，为您提供精心周到的服务，让您领略婚纱摄影极品店的舒适与豪华！

在此，世际影楼婚纱影楼向幸福情侣们郑重承诺：我们将以“亲切·专业·创意·领先”的经营理念，竭诚为您服务。

长风破浪会有时，直挂云帆济沧海。世际影楼婚纱影楼的全体员工将以精诚合作的团队精神，在婚纱摄影的天地间尽显风采！

我们真诚祝愿天下有情人终成眷属，祝愿终成眷属的有情人恩爱幸福，天长地久！

让我们斟满酒杯，为各位来宾的身体健康、生活幸福，干杯！

律师事务所开业祝酒词

致辞人：祁州律师事务所领导

各位领导、各位朋友，女士们、先生们：

大家晚上好！很高兴在美丽的A市与大家团聚，共度这夜晚好时光，我代表祁州律师事务所党支部欢迎各位嘉宾的到来。

祁州律师事务所走过了十年的旅程，祁州人不虚度光阴，做有意义的事，做有用的人，一步一个脚印，虽然步履艰辛，但我们自强不息地挺过来了。

阳光让万物生长，雨露滋润禾苗壮，阳光雨露是我们一直所需求的。我们在这里举办本所十周年及乔迁庆典，就是为了感恩，感谢社会，没有朋友和领导们的大力帮助支持，我们就不可能发展壮大，也就没有今天。

我们是律师，律师是维护权利的职业。做平民律师、务实律师、有为律师一直是我们祁州人的追求。业务是根本，朋友是关键。朋友们的到来，让祁州律师事务所蓬荜生辉，让人喜上眉梢。让我们共同祈祷世界和平、国泰民安！让我们举起手中的美酒，为在场诸君生活惬意、身体健康，干杯！

工程奠基仪式祝酒词

致辞人：A 市市长

各位来宾、同志：

今天，我们非常高兴地参加 A 镇 B 开发工程奠基仪式。首先，我代表市委、市政府对此表示热烈的祝贺！并向前来参加奠基仪式的各位来宾和同志，表示热烈的欢迎！

今天，B 工程正式开工建设，可以说，A 镇在“经营城镇”方面迈出了可喜的一步。同时，A 镇作为千年古城，是全市小城镇建设重点镇，自古是我市政治、经济、文化的中心。开发公司选择 B 为合作伙伴，可以说是非常有远见卓识的，不久的将来，投资者必将获得丰厚的回报。

B 开发工程作为一项高标准规划的城镇建设工程，需要社会方方面面的共同努力来完成。在此，希望建设单位精心组织，规范施工，高标准、高质量、高速度地完成工程建设。有关部门和当地政府要进一步关心、支持工程建设，积极帮助解决工程中遇到的问题，同心协力推进工程建设。

最后，预祝工程建设进展顺利、双方合作圆满成功！衷心祝愿各位来宾、同志工作顺利、身体健康，干杯！

谢谢大家！

大楼开盘祝酒词

范文赏析一

致辞人：A市市委领导

尊敬的各位领导、各位来宾：

在这丹桂飘香、满载收获的时节，各位不辞辛劳来参加中国住博会精品展暨市会展中心落成典礼，这是我市经济社会发展中的一件大事。在此，我谨代表市委、市人大、市政府、市政协和全市百万人民向各位领导和各位嘉宾的到来表示热烈的欢迎和衷心的感谢！

会展中心的建设和中国住博会精品展的举办，对促进我市对外合作交流、带动相关产业发展、提升城市形象品位具有重要作用。各位领导和嘉宾此次到我市实地参加活动，是对我市的信任和支持，我们备受鼓舞。在今后的工作中，我们将尽最大努力把市会展中心运作好、经营好，发挥好最大效用。同时，我们也恳请各位领导、各位嘉宾对我市的各项工作给予一如既往的关心、支持和帮助。

最后，我提议：让我们共同举杯，为中国住博会精品展的顺利开幕，为我市的经济发展与社会进步，为各位领导、各位嘉宾的身体健康、工作顺利、生活愉快、万事如意，干杯！

范文赏析二

致辞人：远阳公司经理

尊敬的各位领导、各位来宾：

大家中午好！

今天是我们远阳公司三喜临门的大好日子，即远阳大楼落成礼。各位的莅临，使远阳公司蓬荜生辉、喜气洋洋。首先，请允许我代表远阳公司的全体员工，向你们表示最热烈的欢迎和最诚挚的谢意！此时此刻，我们有一句心里话，那就是——远阳公司的成长，凝聚着你们的期望、智慧和辛劳！远阳公司的发展，也将承载着你们的信心、光荣和骄傲！

根植A市沃土，情洒辽水两岸。我们将以此为新的起点，不负各位的信任、关怀和期望，继续奉行“博采众长、开拓创新、追求卓越、服务民生”的经营理念，秉承勤勉的创业精神和严谨的企业作风，同社会各界朋友携手开创美好的未来，为促进A市经济发展与社会进步贡献我们全部的智慧和力量！

现在，我提议：为远阳公司的发展壮大，为A市地区更加美好的明天，为我们的友谊长存和各位的健康、幸福，干杯！

第六章

商务宴请祝酒词

——觥筹交错中成就生意

商务宴请礼仪和祝酒词结构

企业、公司经营发展离不开谈合作、谈业务以及其他商务活动。在许多商务活动中，免不了要向合作方发出邀约，开展或参加一些活动。比如邀请对方出席参加某项活动，或是前来己方做客，这就诞生了商务宴请的礼仪。

商务邀约礼仪

根据商务礼仪的规定，在比较正规的商务往来之中，必须以正式的邀约作为邀约的主要形式。正式的邀约，一般有以下几种具体形式：传真邀约、请柬邀约、便条邀约、书信邀约等，它们在正式的商务交往中都适用。如果是非正式的邀约，也有托人邀约、当面邀约，以及打电话邀约等不同的形式，它们多适用于商界人士非正式的接触中。前者统称为书面邀约，后者统称为口头邀约。

其中请柬邀约是商界人士中档次最高，也是最常用的邀约形式。请柬也可以叫作请帖，一般由正文与封套两部分组成。不管是购买印刷好的成品请帖，还是自行制作请帖，在格式上、行文上，都应该遵守成规。一旦有经过精心组织或精心安排的大型活动与仪式，比如宴会、庆祝会、舞会、发布会、纪念会、单位的开业仪式等，只有采用请柬的形式邀请嘉宾，才能配得上商务宴会的高档大气。

应该用钢笔或毛笔，蘸着黑色或蓝色的墨汁，在请柬上亲笔书写正文，不宜采用红色、绿色、紫色、黄色，以及其他鲜艳颜色的墨水。封面通常采用红色，并标有“请柬”二字。其中，请柬正文的用纸较为考究，一般多用厚纸对折而成。以横式请柬为例，对折后的左面外侧多为封面，右面内侧则为正文的行文之处。请柬内侧，可以同为红色，也可采用其他颜色。但民间因为忌讳，通常不会用黄色与黑色。

那么，如何书写请柬呢？

在请柬的行文中，一般包括活动形式、活动要求、活动时间、活动地点、联络方式，以及邀请人等项内容。比如：

谨订于 2020 年 5 月 18 日下午一时于本市金马大酒店水晶厅举行远阳集团公司成立六周年庆祝酒会，敬请届时光临。

联系电话：1234567

备忘

国际上，在邀请函最后写上“备忘”是一种习惯的做法。西方人在注明“备忘”时，通常使用的是同一个意思的英文缩写“p.s.”。“备忘”这两个字，是在提醒被邀请者届时毋忘。

在正文中，可以有“请柬”两个字，也可以没有这两个字。可能你会发现邀请者的名称在行文时的落款在正文之间，而不是在行文最后。其实，在商务交往中将邀请者的名字落在最后，并标明发出请柬的日期也是可以的。涉外交往中使用的请柬，应该用英文书写。在行文中，全部字母均应大写，不用标点符号，不分段，并采用第三人称，这是习惯做法。

另外，被邀请者的名字没有在上面的范文中出现，这是因为姓名一般已经在封套上标注了。被邀请者的姓名要在请柬的封套上写清楚，是为了表达对对方的尊敬，也是为了确保请柬被准时送达。当然，如果你不嫌麻烦的话，在正文中再写一次被邀请者的名字，也是可以的。

除了请柬邀约，还有一种形式是书信邀约，即以书信为形式对他人发出的邀请。它的基本要求是言简意赅，说明问题，又不失友好之意。因为书信邀约显得要随便一些，所以一般熟人之间会更多使用。以这种形式邀请的好处是措辞不必过于拘束。最好打印出来，并由邀请人亲笔签名。

比较正规一些的邀请信，有时也叫邀请函或邀请书。下面是邀请函的范文。

附：被邀请者与邀请者名称单独分列的请柬正文示范一则

请柬

尊敬的李先生：

11 月 6 日下午 19 时为张小姐饯行，席设本市北京路 8 号德大西茶社，恭请光临。

联系电话：123456

谨订

答复礼仪

受到别人邀请后及时答复，是做生意起码的礼节。如果你不想出席此次宴会，也要及时予以回复。回复的信通常用第三人称，一般要求热情、诚恳、简洁明了，不啰唆，免得给人一种被拒绝的感觉。如果是正式邀请，就不用签上自己的名字，用简短的几句话即可；如果不是正式邀请，通常用第一人称书面答复，这时候就要签上自己的名字，要有一个较大段落，或分成几小段，来表达自己的诚意。

这几段话可以按照以下的顺序来写：首先，感谢对方的邀请；其次，愉快地接受对方的邀请；最后，表示期待应邀赴约的心情。如果不能参与，想要委婉拒绝，可以按照以下的顺序进行回复：首先，感谢对方盛情邀请，并对不能应邀赴约表示遗憾；其次，简单陈述下不能应邀的理由；最后，向邀请人致以问候，表示相信今后一定会有机会见面。

商务宴会离席礼仪

一般的商务宴会和酒会在两小时以上。可能你转了转，就觉得无聊想离开了，可是酒会还没有结束，这时应该怎么办呢？下面有一些中途离席的技巧，可供大家参考。

如果你想中途离开酒会现场，一定要向邀请你来的主办方负责人说明、致歉，不能自己随意离开，起码需要提前打个招呼，这是基本的礼貌。常常有这样的情况发生，因为有人想提前离开，结果使众人一哄而散，让一场原本热闹喜庆的宴会提前结束，这时的主办方就很尴尬了。当你和主办方负责人打过招呼后，应该立马就走，不要拉着主人在大门口聊个没完。

一般这天主人要做的事情很多，要照顾到的人也会很多，不能占用主人太多时间，影响主人顾及不到别人。这里需要注意的是，当你要中途离开时，不用和谈话圈的人一一告别，只要悄悄地和身边的两三个人打个招呼，然后离开就行了。

有的人参加酒会、茶会，准备中途离去时，会跟每一个他认识的人问要不要一起走，这个举动造成的结果就是本来热闹的氛围，经过这个人的鼓动，就提前散场了。这是一个很常见的错误，千万不要犯。

成功的酒局，需要成功的祝酒词。商场是没有硝烟的战场，战场需要酒来壮胆，商场需要酒来建立关系、结交盟友、拓展人脉。酒能帮助拉近人与人之间的距离。一次成功的酒局，有可能会促成一笔生意。

因此，掌握商务祝酒词的写作要领便成了当务之急。

下面的四个部分组成了商务祝酒词。

称谓

“尊敬的各位领导”“尊敬的李董事长”“尊敬的各位来宾”等亲切称呼都可以，具体要根据来宾的身份确定。

开头

先说明聚会的原因，再向来宾表示欢迎和对其出席表示感谢。

正文

正文既要鼓舞人心，又不能空谈、不切实际。这部分要首先说明自己在企业中取得的成绩，对优秀员工进行赞美和鼓励。如果来宾中有自己的合作伙伴，还要对其表示感谢。其次，要谈自己的感想和心情，以及对企业未来的憧憬和期望。

结尾

向出席商务酒宴的人献上自己的祝福。

商务宴请祝酒词佳句

❖今天，我们在此欢聚一堂，共迎盛会，重叙友情，结识新朋，寻求商机，共谋发展。

❖在人生的道路上，让我们借助友谊的翅膀飞翔，迎着朝阳、彩云、希望、理想！

❖紧紧围绕“服务、发展、提升、和谐”八字方针，深入贯彻落实科学发展观，办好自己的工厂、做大自己的生意，为发展中国特色的社会主义，促进社会和谐，做出更大贡献。

❖感谢您在过去一年里对我工作的支持，希望您在新的一年里万事如意，心想事成！

❖团结一致，友爱互助，为建设和谐商会而共同努力！

❖积极洽谈合作，寻找发展商机，与我们携手，共同开创崭新篇章。

❖给我一个机会，一定还你一个惊喜。我坚信我们一定能够合作愉快。

❖信用是无形的力量，也是无形的财富。

❖寻找每一次真诚，感受每一份真情！我愿与您鼎力合作，共同飞向事业的顶峰！

❖信任是开启心扉的钥匙，诚挚是架通心灵的桥梁。

❖精诚合作离不开“真诚”二字。你的真诚让我感动，愿我们都以真诚求真诚。

商务会议祝酒词

致辞人：县财政局领导

尊敬的各位领导、各位嘉宾：

大家中午好！

此时此刻，贵宾云集，高朋满座！我们十分荣幸地迎来了各位领导的光临！首先，我谨代表A市人民政府，对光临今天宴会的各位领导、各位嘉宾表示最热烈的欢迎！

A市山清水秀,地灵人杰,是举世闻名的屈家岭文化的发源地,也是传颂千古的绿林好汉的诞生地，素有“鄂中绿宝石，武汉后花园”的美誉。

抓好财政工作，是推动县域经济发展的重要基础，是保障民生的先决条件。近年来，A市之所以能够保持较好的发展态势，一个十分重要的原因就在于我们不断深化财政改革，着力打造发展型财政、民生型财政、服务型财政、阳光型财政，夯实了推进科学发展、建设生态A市的基础。财政工作为A市发展做出了巨大的、不可磨灭的贡献！

各位领导，各位嘉宾！A市的县域经济的发展与进步，离不开上级党委、政府的正确领导，离不开相关部门特别是省财政厅的热心关怀和大力支持，也离不开在座各位领导的关心和帮助。

在这个喜庆的日子里，我们举杯共饮，来，干杯！

签约仪式祝酒词

致辞人：A 市市委领导

尊敬的各位领导、各位来宾，女士们、先生们：

晚上好！

今夜华灯璀璨，美酒飘香。我们满怀喜悦，在这里隆重举行招待酒会，以酒助兴，共叙友谊，畅言商机，共同庆贺“A 市投资项目”签约仪式获得圆满成功。在此，我谨代表 A 市市委、市政府，对在百忙之中抽时间莅临今晚招待酒会的各位嘉宾、各位朋友表示热烈的欢迎和衷心的感谢！

我市在党的十九大精神的指引下，不断优化产业结构，改善投资环境，提升服务水平，使招商引资工作得到了很大改善。这次“A 市投资项目”的签约就是我市招商引资工作取得重大进展的最好证明。当然，这与在座各位朋友的辛苦拼搏和努力奋斗是紧密相连的。在这里，我要感谢大家为我市经济发展所做的贡献。

这次招待酒会是一次增进我们之间情谊的友谊酒会。通过这次聚会，各位客商朋友能够更加深刻、全面地了解我市的整体实力，从而对在我市投资拥有更大的信心。我们真诚地期盼与各位朋友一起为我市的发展而奋斗，为更加美好的明天而努力。

现在，我提议，为本次投资项目签约成功，为在座各位领导和嘉宾的身体健康、事业兴旺，干杯！

招商引资祝酒词

范文赏析一

致辞人：B 县县长

尊敬的各位领导、各位嘉宾，女士们、先生们：

晚上好！

今天，我们在这里隆重举行招待酒会，以酒助兴，共叙友谊，畅言商机。值此，我谨代表中共 B 县县委、县政府，对在百忙之中莅临今晚招待酒会的各位嘉宾、各位朋友表示热烈的欢迎和衷心的感谢！

近年来，我们 B 县县委、县政府始终坚持大力实施工业兴县和产业强县战略，优化投资环境、改善服务质量、提升政务效率，积极营造“亲商、安商、富商”的投资创业环境，致力实现“双赢”发展。

今天，经过在座各位的共同努力，“2019 B 县投资说明会”取得了圆满成功。通过聚会，大家对水乡 B 县的产业基础、资源优势、投资环境和发展前景有了更加深刻的认识，这必将使更多的新朋变成老友，成为长久的合作伙伴。我们热切地期待着新老朋友、各路客商牵手 B 县、投资 B 县、发展 B 县，共同创造灿烂美好的明天。

现在我提议：让我们共同举杯，为 B 县的兴旺发达，为我们的友谊地久天长，为各位的身体健康、事业兴旺，干杯！

客户联谊会祝酒词

致辞人：某领导

各位领导、各位朋友、各位来宾：

大家晚上好！

夜幕降临，华灯初上。今夜我们在这金碧辉煌的泰和大酒店内设宴，热烈欢迎来自全国同行业的新老朋友。首先，我谨代表本次展会的主办方，对给予本次会议大力支持的各部门领导和行业学会的领导、专家教授，以及为本次会议提供全方位支持和服务的东道主——上海同人表示衷心的感谢，对在百忙之中莅临本次会议的各位代表表示热烈的欢迎！

CC 联谊会已经成功地举办了五届。从上一届开始，我们把产品展会由过去在馆内开放改为在展览馆里开放，并更名为 CC 展览会暨联谊会。为适应参展企业和参会代表不断增加的需要，今年我们将在展览馆开放的基础上，把参展面积由去年的 100 平方米扩大到 1000 平方米。在推广的方式上，除了继续采取上门邀请、书面邀请、电子邮件和我们自己的三大媒体交互式宣传，以及与行业其他强势媒体、展览会互换广告外，我们还采取手机短信和在互联网上宣传等新形式立体宣传，效果比去年更为明显。加之上海的独特地位、功能和商业魅力，本届展会无论是参展的企业还是参会代表，均比上届展会有不同程度的增加，特别是来参会的 CC 行业的新朋友增加了不少。

今年在新老朋友的支持下，我们在不断提高产品质量和销售量的同时，又通过网络建立了大型的网络专业性市场。在品种齐全、质量同比、价格透明等方面，占有很大的优势。对消费者而言，它便于集中挑选产品，比质比价，节省了购买时间；对经营者而言，它更容易吸引有效客户，而又不需花费宣传推介企业及其产品的费用，极大地提高了经营效率。建立这一网络性的市场平台，任何人都可以在里面建立自己的商铺，全世界的客户都可以在第一时间内准确无误地找到他。无论谁在上面发布了采购信息，都会有各地的供货商在最短的时间内找到他，与个人独立宣传推广相比，节省了大量费用，同时将效率提高了无数倍。

休戚相关，荣辱与共。在传统行业营销举步维艰之时，如果明年我们精诚合作，共同把市场做大做强，做出人气来，就能够共同搭上网络营销这辆快车，携起手来“一起发”。

最后，我祝愿各位新老朋友借这次联谊会广交朋友、扩大生意，冲出国门、走向世界，也希望各位同行相互之间多交流，增进了解，扩大友谊，加强合作，明年更上一层楼。让我们为本次联谊会的圆满成功，为各位的蒸蒸日上、生意兴隆、健康幸福，干杯！谢谢大家！

颁奖典礼祝酒词

致辞人：《中国××报》副总编辑××

各位嘉宾，女士们、先生们：

大家晚上好！

感谢各位参加中国××报社主办的第六届中国基金业金牛奖颁奖典礼活动，并坚持到现在，大家辛苦了！

去年受美国金融危机影响，中国股市出现了罕见的熊市行情，这使资产管理难度空前加大。在这种情况下，能够获得基金业金牛奖尤其难能可贵。中国基金业金牛奖评选活动已经年满六周岁，这六次评选活动集中展示了一批优秀基金及优秀基金管理公司，推动了基金行业向着规范、健康的方向发展。六年来，基金业金牛奖评选活动始终严格坚持公正、公平、公开、有公信力的原则，成为行业内最具公信力的权威奖项之一。路遥知马力。观察历届金牛奖得主可以发现，它们大都经受住了市场风雨的考验，展现了相对出色的持续回报能力。本届持续优胜金牛奖得主中的绝大多数获奖者，都是历届金牛奖的“常客”。这也充分表明，金牛奖确实为投资者挑选出了一批具有持续回报能力的优秀基金。

再次向获奖基金公司表示祝贺，并感谢各位多年来对《中国××报》基金业金牛奖评选活动的大力支持！下面让我们端起酒杯，共同为牛年取得更牛的业绩而干杯！

第七章

聚会、饯行祝酒词

——酒逢知己千杯少

聚会、饯行祝酒词的特点和结构

无论是故交重逢，还是送别老友，或者只是亲人、朋友、同事之间的日常聚会，这时，酒席都成了畅谈心事的重要场合。每个人有心事的时候，除了亲人、爱人，还会向朋友倾诉。朋友，是一个人一生中必不可少的存在。朋友聚会的时候，一般会聊聊过去的事，对未来互相鼓励，当一方遇到困难时互相帮助。朋友之间的聚会不必过于拘束，这个时候，如果有一席精彩动人的祝酒词，会使聚会的主题更加鲜明，使氛围更加高涨，让聚会的意义更深刻。

老友聚会的祝酒词可以这样说："此时此刻，我心里感激诸位光临。我极为留恋过去的时光，因为它有着令我心醉的友情，但愿今后的岁月也一如既往。来吧，让我们举杯相碰，彼此赠送一个美好的祝愿。"

祝酒词必须简短凝练，最好有很多内涵。如果祝酒词幽默风趣的话，更有利于彼此间的对话和交流。如果你想表现得有风度，想要展现自己的口才，可以在祝酒词中增加一些回忆、赞美，或者朋友间的故事或笑话。朋友聚会时的祝酒词一定要饱含激情，富有感情，同时要兼顾到聚会中不同水平、不同层次的人；主题要相对集中，不要想到哪儿说到哪儿，这会让人搞不清你在说些什么。祝酒词要勾起彼此间温暖的回忆，为后面的宴饮营造美好的气氛。

聚会祝酒词是在亲人、朋友、同事聚会时发表的言论，所以可以略加修饰，最重要的是临场发挥，不必过分矫揉造作。可以提前准备好，在聚会上情真意切地表达出来，将对朋友、亲人、同事的祝福寓于酒中，展现出相逢的喜悦或离别时的依依不舍。

聚会祝酒词主要由下面四个部分组成。

称呼

可用“亲爱的朋友”“兄弟姐妹们”等称呼，注意不同的身份要有相应的改变。

开头

对大家的出席表示欢迎。

正文

正文是最重要的部分，这里可以回忆朋友之间的故事，也可以和朋友展望下未来的美好生活。

结尾

向来宾表达祝愿和重逢的喜悦，或者饯行时表达对朋友离去的惜别之情。

聚会、饯行祝酒词佳句

聚会祝酒词盘点

◆山因有了绿色，才有了生机；天空因有了白云，才不会寂寞；人生因有了牵挂，才温馨灿烂。我想对你说：我的朋友，生命中因为有了你，我才开心。

◆思念是一缕抹不去的青烟，缥缥缈缈，笼罩你我，而祝福是甜甜的醉意，弥漫心田，无边无际。愿愉快伴你一生。

◆不能与你常见面，但对这友情始终不变。没有经常联络你，而是将你藏在心里。

◆又是一年落叶黄，一场秋雨一场凉。整日工作挺辛苦，天凉别忘加衣裳。保重身体多餐饭，珍惜友情常想想。

◆酒越久越醇，朋友相交越久越真；水越流越清，世间沧桑越流越淡。天天快乐，时时好心情！

◆朋友双月并肩行，两月一对成月饼，一半是你一半是我，中秋之时心有灵，天涯海角共望月，两瓣心思一片情，年年盼月因有朋，月月有月心更明。

◆星星的寂寞月知道，晚霞的羞涩云知道，花儿的芬芳蝶知道，青草的温柔风知道，梦里的缠绵心知道，心里的酸楚泪知道，我的思念您知道！

◆友情就如一坛老酒，封存愈久愈香醇，一句短短祝福就能开启坛盖，品尝浓醇酒香；友情就如一轮红日，默默付出而无求，一声轻轻问候就是一束温暖阳光。

饯行祝酒词盘点

❖ 不要说珍重，不要说再见，就这样，默默地离开。但愿，在金色的秋季，友谊之树上将垂下丰硕的果子。

❖ 人生路漫漫，你我相遇又分离。相聚总是短暂，分别却是久长，唯愿彼此的心儿能紧紧相随，永不分离。

❖ 我们匆匆地告别，走向各自的远方，没有语言，更没有眼泪，只有永恒的思念和祝福，在彼此的心中发出深沉的共鸣。

❖ 几年多的时间，我们共同经历了太多的欢乐与无奈，也许这就是人生。因为失去童年，我们才知道自己长大；因为失去岁月，我们才知道时间的珍贵。星光依旧灿烂，激情依旧燃烧，因为梦想，所以我们存在，你在你的领域不惜青春，我在我的路上不知疲倦。你即将离开，我把所有的祝福和希望，悄悄地埋在你的身边，让它们沿着生命的前进而生长，送给你满年的丰硕与芬芳。

❖ 我珍惜人生中每一次相识，天地间每一分温暖，朋友间每一个知心的默契；就是离别，也将它看成是为了重逢时加倍的欢乐。

❖ 你有你的路，我有我的路，但忘不了我们在一起的朝朝暮暮，无论路途多遥远，无论天涯海角，请别忘记我送你的最衷心的祝福。

❖ 蓝天上缕缕白云，那是我心头丝丝离别的轻愁；然而我的胸怀和长空一样晴朗，因为我想到了不久的重逢。

朋友同学聚会祝酒词

致辞人：某同学

各位同学：

时光飞驰，岁月如梭。毕业十年，在此相聚，圆了我们每一个人的梦。感谢发起这次聚会的同学！

回溯过去，同窗四载，情同手足。一幕一幕，就像昨天一样清晰。

转眼间，我们走过了十个春、夏、秋、冬。今天我们的聚会实现了分手时的约定，又重聚在一起，共同回味当年的书生意气，并咀嚼十年来的酸甜苦辣，真是让我感受至深。

首先是非常感动，这次同学会想不到有这么多的同学参加，同学们平时工作都很忙，事情也很多，但都放下了，能够来的尽量都来了，这就说明大家彼此还没有忘记，心中依然怀着对老同学的一片深情，仍然还在相互思念和牵挂。

其次是非常高兴，我们欢聚一起激动人心的场面，让我回想起了那个夏天我们依依不舍挥泪告别的情景，而这一别就是十年啊！我们分别得太久太久，我们的一生还有多少个十年？今天的重聚怎么能不叫我们高兴万分、感慨万分呢？

最后是深感欣慰，记得在校时我们都是孩子气、孩子样，如今社会这所大学校已将我们历练得更加坚强、成熟，各位同学在各自的岗位上无私奉献、辛勤耕耘，成为社会各个领域的中坚力量，这些都使我们每一位深感欣慰。

同学们，无论走遍天涯海角，难忘的还是故乡。无论是从教、为官或经商，难忘的还是师中的老同学。我们分别了十年，才盼来了今天第一次的聚会，这对我们全体同学来讲是多么具有历史意义的一次盛会啊！我们应该珍惜这次相聚，就让我们利用这次机会在一起好好聊一聊、乐一乐吧。让我们叙旧话新，谈谈现在、过去和未来，谈谈工作、事业和家庭，如果我们每个人都能从自己、别人十年的经历中得到一些感悟和收获，那么我们的这次同学会就是一个圆满成功的聚会！愿我们同学会的成功举办能加深我们之间的同学情谊，使我们互相扶持、互相鼓励，把自己今后的人生之路走得更加辉煌、更加美好！

窗外满天飞雪，屋里却暖流融融。愿我们的同学之情永远像今天大厅里的气氛一样，炽热、真诚；愿我们的同学之情永远像今天窗外的白雪一样，洁白、晶莹。

现在，让我们共同举杯：为了中学时代的情谊，为了十年的思念，为了今天的相聚，干杯！

同事聚会祝酒词

致辞人：聚会组织者

朋友们：

出乎我的意料，通知过的同事们几乎都来了，老公的同事也来了好多，大家都举杯畅饮，热闹非凡。

这就像一个小型聚会，虽然只有五六桌，可是来宾都是我们最好的朋友、同事、同学，你们的到来让我非常高兴，最让我意外的是我们总经理也来了。稍有些遗憾的是，有些受邀的朋友因为临时有事没来，美中总有不足，我想这就是人生吧。

虽然准备这次聚会有些劳心劳力，可是我很开心。经过这件事，证明了我做事待人的方法还是没错的。做人还是要脚踏实地，一步一步地向前走。实力永远是最有力的证明，虚荣、炫耀到头来都没有任何意义。做自己该做的事情，努力争取自己想要的目标，实现人生的意义才是最根本的事。

认识你们，和你们结为朋友，是我这几年最大的收获。以后，我们要一起努力，让我们的友谊开花、结果，让我们的友谊地久天长。最后我提议：为了我们伟大而纯洁的友谊，干杯！

同乡聚会祝酒词

致辞人：某老乡

各位老乡、朋友：

在这秋色宜人、合家团圆的美好时刻，我们A县的老乡在此团聚了。

本次聚会的组织者李江同志，为了这次难得的相逢尽心尽力，付出了宝贵的时间。我代表全体老乡对她表示衷心的感谢，也向所有参与今天聚会的老乡致以真心的祝福！

“独在异乡为异客，每逢佳节倍思亲。”但是现在，我们欢聚在一起，有着彼此的帮助与祝愿，即使身在他乡，也不会感到孤寂与冷漠。只要我们真诚地对待彼此，相信我们之间的情感将会日益深厚。

今天，我们在这里欢聚一堂，我提议，为我们这次的相聚和来日的重逢热烈鼓掌！

亲爱的同乡们，亲爱的朋友们，让我们把酒杯斟满，让美酒漫过杯边，让我们留下对同乡会的美好回忆，让我们留下对同乡的亲切关怀，让我们彼此的情谊留在心间，让我们将这杯酒一饮而尽吧！

今夜星光灿烂，今晚一夜无眠！无眠的夜晚追溯着我们家乡父老的培养，准备着明天的起飞，璀璨的星光穿越时空，倾诉着对银河的依恋……这杯酒绝非陈年佳酿，更谈不上琼浆玉液，但它融进了我们全体同乡的情和意，喝下去，就会感到无比的浓美、芳香。

来，让我们共同举起这杯饱含千言万语的酒：

祝大家家庭美满，爱情甜蜜，事业成功，前程似锦！愿我们的友谊，地久天长！干杯！

升学饯行祝酒词

致辞人：主持人

尊敬的各位来宾，女士们、先生们：

大家好！

在这金秋送爽、锦橙飘香的日子，我们怀着喜悦、载着祝福，欢聚在这充满歌声、充满笑声、充满欢乐的泰和大酒店，共同庆贺李江、张章夫妇的公子李阳金榜题名，高中A大学。承蒙来宾们的深情厚谊，我首先代表李江先生、张章女士和李阳同学对各位的到来，表示最热诚的欢迎和最衷心的感谢！同时也请允许我代表在座的各位向李江先生、张章女士和李阳同学表示最真心、最诚挚的祝贺！

我们深切地感到，李江夫妇教子有方，教子有成，劳苦功高；李阳同学学有所获，学有所得，心想事成。这里，我们再次恭喜李阳同学成功地迈出了人生第一步。

我提议，咱们共饮三杯，以示祝贺：

第一杯酒，为英才饯行！李阳同学即将远离亲人、远离家乡挑战人生，请接受我们共同的祝福：今日金榜题名、展翅高飞，明朝鹏程万里、前程似锦！

第二杯酒，我们也真诚地祝福他：在新的人生征途上，用自己的智慧，用自己的勤奋，用自己的执着，再创佳绩，再创辉煌！

以更优异的成绩凯旋，报答父母的养育之恩，报答父老乡亲的培育之情！回报社会，实现人生的美好价值！

第三杯酒，祝各位朋友一世平安，喜气洋洋，身体健康，财源广进，好事接连不断！

朋友们，来，干杯！

出国饯行祝酒词

致辞人：公司领导

亲爱的朋友们：

大家晚上好！今天是一个令人欣喜而又值得纪念的日子，因为经过公司的决定，李义同志将要出国发展学习。这既让我们为李义能有这样的机会而感到高兴，也使我们对多年共事相处的同事即将离开而感到难舍难分。

李义同志多年来作为公司的一名员工，他为人忠厚，思想作风正派；忠诚企业，爱岗敬业，遵守公司各项规章制度；服从分配，尊重领导，与同事之间关系和睦融洽。俗话说：没有什么人是不可缺少的。这话通常是对的，但是对于我们来说，没有谁能够取代李义的位置。尽管我们将会非常想念他，但我们也祝愿他在未来的日子里得到他应有的最大幸福。

在这里，我代表公司的领导和全体人员对李义所作出的努力表示衷心感谢。同时公司也希望全体人员学习李义同志这种敬业勤业精神，努力做好各自的工作。

“莫愁前路无知己，天下谁人不识君。”在此我们也希望李义继续关心我们的企业，并与同事之间多多联系。最后，让我们举杯，祝李义同志旅途顺利，早日学成归来，干杯！

毕业饯行祝酒词

范文赏析一

致辞人：院系老师

同学们：

树有年轮，人类有年轮，社会也有年轮。新春佳节是中国人年轮发生变化的标志性的时刻。我们老师和学生的年轮，总是在一个学年结束，尤其是学生毕业的时候，最明显地体现出来。在座毕业班的同学将开始构建自己新的年轮，走向新的辉煌。为此，我作为一名普通老师，向大家表示热烈的祝贺！我想借此机会提出两点希望：

首先，要乐观地对待人生，永远保持青春的活力。人生犹如一列在丘陵地带行驶的火车，有时穿行在平坦的原野，有时又得在隧道或斜坡上运行，但不管怎样，心中总应该是光明的、坦然的，正如杰出的女革命家卢森堡所说的："不论我到哪儿，只要我活着，天空、云彩和生命的美会跟我同在。"同学们毕业后会遇到各种各样的情况，认为生活的道路铺满鲜花、锦绣，固然有点天真烂漫，但是，把现实生活看得过于冷峻，又反而不利于心理的平衡。我们正处在一个伟大的变革的时代，对于你们跨世纪的青年来说，正是大有用武之地，没有理由不对生活和以后的命运充满自信！

其次，不要用"平平淡淡总是真"这样的话来谈自己的奋斗信念。“平平淡淡总是真”是大家非常熟悉的流行歌曲中的句子。对生活中有些事情，要看得平淡一点、淡泊一点，但是，倘若我们连做一些不平凡业绩的想法都没有，那么，这种所谓的“平淡”“平凡”，说到底，不过是甘于平庸的代名词而已。毕业是一个人生阶段的终结，然而又是一个新的历程的开端，同学们再也不是“天之骄子”了，而应当成为矫健的雄鹰。记得一位战斗英雄说过这样的话：“在战场上，即使我倒下去了，我的目光也要看着前面。”我们就需要有这种不断进取的精神。

同学们！每一个人都有自己的母亲，每一个现代学子都有自己的母校。我们感谢第一个把“母亲”和“毕业学校”联系在一起的人，我们感谢第一个用“母亲”来形容毕业学校的智者。历史文化名城中的这所高等院校即将成为在座毕业生的母校了，我相信同学们一定不会忘记这个母校，不会忘记这个“母系”。“系”这个字，在另外一种场合又读作“jì”，也就是扣住、拴住的意思。我相信毕业班的同学们会用一根纯真的感情红线，把这所高等院校，把我们永远系在心中、扣在心田、拴在心上！

祝毕业班的同学们大展宏图，万事如意！干杯！

范文赏析二

致辞人：班长

亲爱的同学们：

今宵我们又欢聚一堂。只是，今宵的聚首是为了离别，就要离别了，我们每个人的心里都有很多话要讲。

四年前，我们从祖国的大江南北、四面八方来到了大学校园。四年的同窗生活中，我们同心并肩，一起走过了风风雨雨的日子。

犹记得，大海边，我们中秋聚首赏明月；

犹记得，长城上，我们烈日挥汗诉豪情；

犹记得，田径场，我们奋力拼搏争荣誉；

犹记得，教室里，我们埋头苦读修人生；

犹记得，校园里，我们点点滴滴的纯真故事。正是这点点滴滴，情深、意长、味重，我们一生都忘记不了。在10年、20年、30年之后，我们细细地回想这一切时，仍会记得那菁菁校园里的良师益友，仍会记得那流金岁月里的成长故事。

要离别了，我想起了古人的十里长亭别友人，那里头是一丝丝的忧愁和悲壮，但我们拥有更多的快乐和更多的豪情。“十年寒窗苦，今朝凌云志”，我们就要怀着成熟的人生理念、丰富的专业技能踏上工作的岗位了。曾经有一首歌中唱道：“再过20年，我们来相会。”今天，让我们也来相约20年。20年后，希望我们在座的各位中既有IT界的精英，又有军队里的将才，更有企业界的巨子，我相信我们大家都将会在各自的岗位上做出一番骄人的业绩。

古语云：无酒，何以逢知己；无酒，何以诉离情；无酒，何以壮行色。让我们举起杯，为了我们这四年的相聚，为了我们的相约20年，为了我们辉煌灿烂的明天，干杯！

欢送领导祝酒词

致辞人：育新学校校长

同志们：

今天，我们怀着依依惜别的心情在这里欢送张明校长去向阳中学任校长、书记！

张明同志在育新中学工作十年期间，工作认认真真、勤勤恳恳，分管教育、教学工作成绩突出，实绩优异，为学校的发展做出了很大贡献，让我们代表三千多名师生以热烈的掌声向张明校长表示衷心的感谢！同时，我也衷心地希望张明校长今后继续支持关心育新中学的发展，也希望育新中学与向阳中学结为更加友好的兄弟学校，更希望您在百忙中抽空回家看看，因为这里有您青春的倩影，这里是您倾注过心血和汗水的第二故乡。

下面，我提议：为了张明校长全家的健康幸福、为了我们之间的友谊天长地久，干杯！

欢送访问团祝酒词

致辞人：接待方领导

尊敬的女士们、先生们：

首先，我代表向阳学校，对你们访问的圆满成功表示热烈的祝贺。

明天，你们就要离开向阳学校了，在即将分别的时刻，我们依依不舍。大家相处的时间是短暂的，但我们之间的友好情谊是长久的。俗话说得好："来日方长，后会有期。"我们欢迎各位女士、先生在方便的时候再次来向阳学校做客，相信我们之间的友好合作会日益增强。

莺歌燕舞，杨柳依依，好山好水好心情，祝大家一路顺风，万事如意。干杯！

第八章

庆功宴祝酒词

——人生得意须尽欢

庆功宴礼仪和祝酒词结构

企事业单位为了总结前段时间的工作经验和成绩，寻找不足，提高员工后面工作的积极性，同时为了更好地开展下一步的全面工作，通常会举办庆功宴对优秀员工进行表彰和鼓励。庆功宴通常有三种形式：宴会、冷餐会和酒会，其中宴会是最常见的庆功会形式。其宴请范围的确定较为复杂，一般以人数少、适量为基本原则。

必要的话，还可以邀请宾客的配偶出席，前提是首先明确配偶的出席是出于礼仪的需要，还是对这次活动可能发生影响，弄清这一点非常重要。宴会也是公关活动中较为常见的宴请形式，宴会分为午宴和晚宴，晚宴比午宴更隆重和正式。庆功宴的规格应视宴请人员的身份来确定，规格过低显得失礼，规格过高亦无必要。

在宴请之前应该发送请柬，因为请柬是一种礼貌且还可提醒备忘的邀请方式。一般庆功宴正式宴请的请柬是在一周至两周前发出的，为了方便被邀请者提早安排。

庆功宴上的祝酒词一般包含以下几个部分。

开头

开头一般要简要说明下公司或优秀员工获得的成绩，并予以适当的评价，然后对取得优异成绩的人员表达感谢。

比如："金菊绽放，丹桂飘香，在这充满喜庆的日子里，我们向阳学院参加第十二届省运会的体育代表团，在刚刚结束的省运会上，发扬积极拼搏、勇于进取的体育精神，夺得了19枚金牌、8枚银牌、9枚铜牌，并打破了青年男子800米纪录，获得省运会组委会颁发的体育道德风尚奖和优秀组织奖。我校建校以来首次参加省运会就获得了如此骄人的成绩，可喜可贺！在这里请允许我代表厅党组向取得优秀成绩的运动员表示热烈的祝贺，向辛勤工作的教练员和工作人员表示诚挚的问候，向学院表示祝贺。"

正文

祝酒词正文部分的内容没有统一的形式，可以根据具体情况确定，没有固定的要求。比如在学校的高考庆功宴上，可以总结老师们敬业的事迹；在公司的庆功宴上，可以回首奋斗阶段全体员工付出的心血和努力。

比如："天道酬勤。我们今天庆功会的主角，应该是我们呕心沥血、刻苦拼搏、无私奉献的高三全体老师，是你们的执着追求，是你们的全意奉献，是你们的无私情怀，是你们日日夜夜的不眠不休，才铸就了我乡教育的辉煌。有志者，事竟成，百二秦关终属楚；苦心人，天不负，三千越甲可吞吴。你们的汗水，你们的辛苦，你们的付出，终于赢得了苍天的眷顾，为我乡孩子的未来，开辟了又一条坦途，我代表全乡人民感谢你们。"

结尾

祝酒词通常以希望、号召的形式收尾，以起到激励、教育的作用。一般可以针对两方面的人员和部门提出要求：一是号召大家向先进人物和部门学习，以他们为榜样，把工作做好；二是希望先进人物或集体再接再厉，发扬成绩，不断进取，以便取得更大成绩。在最后，对来宾致以美好的祝福。

比如："我们的前途美如画，我们的未来不是梦。让我们更加紧密地团结在一起，专注执着、顽强拼搏、勇于开拓、不断超越，继续保持艰苦奋斗的优良作风，再创佳绩、再铸辉煌。今日畅饮庆功酒，漫漫征程第一步，英雄团队写新篇，一腔热血万里图。各位英雄，本人向大家敬酒，干杯！"

庆功宴祝酒词佳句

人物祝福语

❖ 把黄昏当成黎明，时间会源源而来；把成功当作起步，成绩就会不断涌现。祝你在以后的学习中奋勇直前、秀中夺魁。

❖ 自爱，使你端庄；自尊，使你高雅；自立，使你自由；自强，使你奋发；自信，使你坚定……这一切将使你在成功的道路上遥遥领先。

❖“先天下之忧而忧，后天下之乐而乐”，做个有志、有识之士。

❖ 成功的秘诀，在于对目标坚忍不拔。恭喜您凭着坚强的意志终于迎来了成功。

❖ 一片绿叶，饱含着它对根的情谊；一句贺词，浓缩了我对你的祝福。祝愿你在以后的日子中，创造更多的辉煌。

❖ 祝你圆满完成学业，掌声和鲜花永远属于你！水滴石穿业精不舍，海阔天高学贵有恒。

❖ 成功的花，人们只惊羡她现时的鲜艳，往往忽略了当初她的芽儿曾浸透了奋斗的泪泉。我赞赏您的成功，更钦佩您在艰难的小道上曲折前行的精神。

❖ 一些貌似偶然的机缘，往往使一个人生命的分量和色彩都发生变化。您的成功，似偶然，实不偶然，它闪耀着您的生命焕发出来的绚丽光彩。

❖ 观念决定方向，思路决定出路，胸怀决定规模。您具备了这些条件，所以成功属于您！祝福您，我的朋友。

❖ 成功不是将来才有的，而是从决定去做的那一刻起，持续累积而成的。您以实际的行动向我们证明了成功需要积累。

事业祝福语

❖ 祝贺会议顺利召开！

❖ 恭喜贵公司顺利通过质量认证！

❖ 恭贺项目顺利竣工！

❖ 惨淡经营历千辛，一举成名天下闻，虎啸龙吟展宏图，盘马弯弓创新功！——热烈祝贺贵厂产品荣获国家级优质奖！

❖ 每一个成功企业都有一个开始。勇于开始，才能找到成功的路。祝愿贵公司“从头再来”、再创佳绩。

公司庆功宴祝酒词

范文赏析一

致辞人：工厂领导

同事们：

大家好！

今晚，我们欢聚在风景秀丽、幽静怡人的东方花园，共同迎接2024年新年的美好时刻。此时，抚今追昔，我们感慨万千；展望前程，我们心潮澎湃。

即将过去的2023年，是化工行业实施改革与发展战略承上启下的一年；是全厂职工迎接挑战、经受考验，努力克服困难、出色完成全年任务的一年。回顾过去的一年，我们在争创一流、企业改革中取得了突破性进展，呈现出近年最好势头（成绩略）。以上累累硕果，都与全体干部职工所付出的艰辛和努力密不可分，与我们顽强拼搏、开拓创新、无私奉献的敬业精神密切相关。这种艰辛和努力将功垂青史，这种敬业精神令人敬佩。在此，我代表厂党政班子全体成员，向为我厂建设和发展做出贡献的全体干部、职工以及你们的家属表示亲切的问候和衷心的感谢！

同志们，新的一年即将来临，我们在品尝美酒、分享胜利喜悦的同时，还要清醒地认识到：我国加入世贸组织后，化工企业将面对广泛的机遇和严峻的挑战。我们必须抓住新机遇，迎接新挑战，以高度的使命感和责任感来推进我局的改革和发展，承担起历史赋予我们的神圣使命。

朋友们，再过几个小时，和着新年的钟声，我们将携手跨入崭新的一年。我坚信，有省公司党组的正确领导，有全局广大干部职工的众志成城，我们的目标一定会实现，我们的企业一定会不断发展壮大，我厂一定能铸就新的、更加壮美的辉煌。

最后，让我们共饮庆功美酒，祝愿各位新年快乐，身体健康，家庭幸福，事业成功！

范文赏析二

致辞人：公司董事长

各位同事，不！各位英雄，各位创造奇迹的人：

今日设宴为各位庆功！首先，我向糠醛分厂取得了四、五、六三个月，月月高产，三破纪录，并首次突破190吨大关的伟大胜利表示衷心的祝贺。我为你们的辉煌业绩感到自豪，我为糠醛分厂这样的英雄团队和糠醛员工这样的英雄而骄傲。

同样的天、同样的地、同样的设备、同样的工艺，为什么有不一样的业绩？因为有不一样的体制、不一样的企业文化和不一样的思想行为。

我们糠醛分厂有一个团结奋斗、专注执着、不断超越、敢拼能胜的优秀领导班子：上有李佳佳、张明明两位厂长，一文一武、一张一弛、密切配合、通力协作、乐于奋斗；中有生产部王阳、李义主任，埋头苦干、勤恳如牛、紧跟时代、奋斗不已；下有兵头将末的各位班组长以及其他职能部门的负责人，你们是糠醛分厂这个英雄团队的精英，你们是企业的台柱子！我因你们而自豪，你们因企业而光荣。我对未来更加充满信心，对事业更加豪情万丈。我对糠醛事业更加热爱，即使买不成化工厂，我们也要新建糠醛厂。我们不仅要在A市搞，还要到外地建厂创业，要把糠醛事业进行到底。

各位同事，本人爱憎分明、赏罚严明，该表彰定表彰，该处罚定处罚，该提拔定提拔！只要你为企业尽心尽力，企业决不亏待你。在我们的事业大发展的时候，你们将被量才重用、量绩提拔。我们的前途美如画，我们的未来不是梦。让我们更加紧密地团结在一起，专注执着、顽强拼搏、勇于开拓、不断超越，继续保持艰苦奋斗的优良作风，再创佳绩、再铸辉煌。今日畅饮庆功酒，漫漫征程第一步，英雄团队写新篇，一腔热血万里图。

各位英雄，本人向大家祝酒，干杯！

企业上市庆功宴祝酒词

致辞人：上市企业领导

尊敬的各位来宾、新闻界的朋友们、女士们、先生们：

晚上好！

首先，非常感谢各位朋友光临“三和公司上市庆功晚宴”，与我们共同见证三和公司的成长。

三和成功发展的今天，是与各位长期的支持和帮助分不开的，我谨代表三和公司向到场的各位领导、嘉宾、媒体朋友表示热烈的欢迎和衷心的感谢！

历经十几年的不断发展壮大，今天的三和已经成为中国文化行业的中坚力量、领导力量之一，我为此感到自豪，这是不断创新、敢于超越的三和人共同努力奋斗的结果。今天，三和的上市，将是公司的又一次飞跃！

展望未来，任重道远，三和公司将忠实实践“以人为本，情系客户”的经营理念，努力成为全国文化行业的龙头企业，以持续发展的优良业绩来回报广大的投资者。

再次感谢今天参加酒会的各位领导和各位朋友。现在，请允许我以这杯薄酒，向关心、支持、帮助三和成长的领导和朋友们表示最真挚的谢意！

优秀员工颁奖祝酒词

致辞人：优秀员工评选获奖者

尊敬的各位领导：

大家好！

非常感谢在座的各位领导能够给予我这份殊荣，我感到很荣幸，心里充满无比的喜悦，但更多的是感动。真的，这种认可与接纳，让我很感动，我觉得自己融入这个大家庭里来了。自己的付出与表现已经得到了最大的认可。我会更加努力！

在此，感谢领导指引我正确的方向，感谢同事耐心的教授与指点。虽然被评为优秀员工，但我深知，我做得不够的地方太多太多，尤其是我刚刚接触新闻这个行业，还有很多的东西需要学习。我会在延续自己踏实肯干的优点的同时，加快脚步，虚心向老员工们学习各种工作技巧，做好每一项工作。这个荣誉会鞭策我不断进步，使我做得更好。

事业成败关键在人。我深信：一分耕耘，一分收获，只要你付出了，必定会有回报。在点点滴滴的工作中，我会细心积累经验，使工作技能不断地提高，为以后的工作奠定坚实的基础。

让我们共同努力，使之成为业内最大、最强的企业。我们一起努力奋斗！

最后，祝大家工作顺心如意。这杯酒，我敬大家！干杯！

杰出人物颁奖祝酒词

致辞人：市委书记

同志们：

在“三八”国际妇女节即将到来之际，今天，市文明办、市妇联、市广播电视局等单位在这里举行“2024年度市十大杰出女性”颁奖宴会，目的是表彰先进女性，崇尚文明进步，倡导和谐平等。刚才，评选揭晓了10位在2024年做出杰出贡献的女性代表，在此，我代表市委、市人大、市政府、市政协，对获奖者表示热烈的祝贺。向在座的妇女同志并通过你们向全市广大妇女致以节日的问候！

近年来，全市各级妇联组织紧紧围绕市委、市政府工作中心，坚持服务大局、服务基层、服务妇女的原则，不断创新工作思路，创新活动载体，创造性地开展各项妇联工作，取得了明显成效，特别是在扶助弱势群体、服务城乡妇女发展方面做出了突出贡献，对此，市委、市政府是满意的。

在各级妇联组织的带动和引导下，在我市各项事业建设进程中，涌现出了一大批优秀女性，这次被评选出的10位女性是她们中的杰出代表，有科教、卫生、旅游、司法战线上的业务精英，有身残志坚、热爱生活的残疾女性，有尊老敬老、朴实勤劳的农村妇女，有谋略超群、热心公益的女企业家，有不图名利、默默奉献的一线女工，她们是时代的骄傲、女性的楷模、人民的光荣。

希望全市广大妇女同志要以十大杰出女性为榜样，按照省、市提出的新要求，立足自身工作岗位，抢抓机遇、积极进取、开拓创新、建功立业，为我市早日建成“中等城市、和谐××”做出新的更大贡献！

最后，再次对今天获奖的十大杰出女性表示祝贺，祝全市广大妇女节日愉快！干杯！

杰出企业颁奖祝酒词

致辞人：市长

同志们、朋友们、女士们、先生们：

大家晚上好！

今天，是个大喜的日子。我市首届经济人物暨最具活力企业评选圆满结束。有20位同志和30家企业获得“2019年度A市经济人物”和“A市最具活力企业”光荣称号，这是我市政治经济生活中的一件大喜事。

这次评选活动自始至终遵循“公开、公正、公平”的原则，各行各业积极参与，主管部门严格把关，广大群众热情投票，评出的先进企业和个人令人信服。我相信，由我们自己评出的先进人物一定会在今后的工作中做出更加辉煌的成绩，为我们的共同事业做出更大的贡献。

同志们，荣誉的取得只能说明过去。摆在我们面前的任务还十分艰巨，希望这次取得荣誉的同志戒骄戒躁，勇往直前，让你们的事业更加辉煌，同时希望你们充分发挥模范带头作用，为我市带出一批充满活力的骨干企业，为我市发展奠定坚实的基础。

同志们，鲜花献模范，美酒敬英雄。让我们共同举杯，为我们自己的经济人物和最具活力企业，为我们自己评出来的英雄，干杯！

学校表彰大会贺词

范文赏析一

致辞人：A 市二中校长

高三毕业班的老师们：

大家好！

今天，我的心情特别高兴、特别激动，因为这是一个喜庆的日子，这是一个值得我们 A 市二中全体师生员工欢庆的日子。高考成绩统计结果已经揭晓，我校 2023 年高考再创辉煌。

高三毕业班的老师们，我代表学校领导感谢你们，我代表二中感谢你们！感谢你们创造了 A 市二中新的辉煌，二中因为有你们而骄傲，二中因你们而自豪。

A 市二中在 2021 年、2022 年高考取得优异成绩的基础上，2023 年高考再创佳绩。2023 年高考应届二本以上分段上线率综合排名市区第一；应届二本以上一次上线率位居全市八县三区第二；有三名同学进入全市八县三区文理科前 10 名；有多名同学进入 600 分以上高考考生行列。

本届高三毕业班全体教师，脚踏实地，勤恳敬业，奋力拼搏，做了大量卓有成效的工作，用智慧和汗水书写了 2023 年高考的辉煌。高考成绩得到了教育行政部门的认可和主管市长的表扬。

值得一提的是，在高考备考的冲刺阶段，年级主任、级部主任、班主任每天坚持早7点到校督促学生学习，解答学生疑难问题。直到最后高考自由复习阶段，学生按时到校，老师解答问题，教学秩序井然。

作为校长，让我向你们道一声：高三毕业班的全体老师，你们辛苦了！三年来，你们放弃了节假日的休息时间，放弃了与家人的团聚，甚至放弃了作为一个父亲或者母亲的职责，与你们的学生一起摸爬滚打，拼搏三年，硕果累累。

把A市二中办成最受人尊敬的学校，让我们二中走出更多的像李义、张阳这样的优秀学生，让二中成为优秀学生快速成才的摇篮，展望新学年，机遇与挑战同在，信心和困难同在！现在A市二中正处在一个新的发展机遇期。我坚信，A市二中这艘富有生机的航船，一定能承载我们二中人的梦想，在教育的碧海中乘风破浪、扬帆远航！

借此机会，祝大家身体健康，家庭幸福，工作顺利，万事如意！祝愿A市二中事业兴旺，前程似锦！

现在，让我们为2023年高考取得今天的丰硕成果，为二中的美好未来，鼓掌！

范文赏析二

致辞人：中学校长

老师们、同志们：

今天，我们隆重举行我校高考庆功宴。在此，我代表学校党、政、工以及高三毕业班领导小组，向我校的全体同人在今年的高考中所创造的佳绩表示热烈的祝贺和诚挚的感谢！

虽然高考已落下了帷幕，虽然高考的硝烟在渐渐散去，但我校师生三年的奋斗历程却在我的脑海里打下了深深的烙印，挥之难去。新生入校第一天，我们就有了清晰的目标，大家围绕目标，夯实双基，拓展视野。进入高三，面对2023级划时代的跨越，自加压力，高位起步，抛弃小我，挑战自我，一路前行。一诊、二诊、三诊，伴随高亢的《毕业歌》杀进高考的战场……苍天不负苦心人，我们的师生不愧是敢打硬仗、能打胜仗的团队。你们践行了当初的诺言，未留乌江之憾；你们把胜利的旗帜插在A市全市的巅峰，再创我校高考历史的辉煌；你们向父老乡亲交上了满意的答卷，进一步展示了我们的实力与魄力；你们用集体的智慧和辛勤的汗水又一次谱写了我校毕业班高考旋律上最美的乐章！

我提议：让我们为自己喝彩，为学生喝彩，为我们的中学喝彩。让我们共同祝愿中学明天更美好！

竣工典礼祝酒词

范文赏析一

致辞人：A县县长

尊敬的各位领导、各位嘉宾、各界朋友：

今天，我们满怀喜悦的心情，迎来了西南干线通车盛典。在此，我谨代表A县县党委、县政府和A县人民，向出席今天庆典活动的各级领导、各位嘉宾、各界朋友表示最热烈的欢迎。

西南干线是联络西南县的交通要道。

……

由市委办公室牵头，市纪委、市交通局、市公安局等单位通力协助，我县党委、政府精心组织，沿线村民积极参与，由远洋建筑公司负责施工。建设者们冒高温、战酷暑，克服了资金短缺、材料紧张等困难，历时7个多月，共投入资金800余万元，高质量、高标准地完成了建设任务。

西南干线建成通车后，改善了我县乃至全市的交通状况，极大地方便了人民群众的生产生活，是一条致富的康庄大道。

希望广大干部职工以此为新的起点，继续发扬“敢打硬仗、勇于攻坚、特别能吃苦、特别能战斗”的拼搏精神，开拓进取，扎实苦干，争创新功。

下面，我提议，让我们共同端起酒杯：为了A县的顺利通车，为了A县拥有更加美好的明天，为了各位来宾的工作顺利、身体健康、家庭幸福，干杯！

范文赏析二

致辞人：C镇镇长

尊敬的各位领导、各位嘉宾，女士们、先生们：

大家好！

金秋时节，天高云淡，清风送爽，在这美丽迷人的十一月，我们相聚在风景秀丽的C镇，隆重举行红花药业有限公司竣工庆典仪式。

首先，我代表C镇镇党委、镇政府向今天竣工投产的红花药业表示热烈的祝贺，向为项目建设做出辛勤努力的同志们表示亲切的慰问，向参加今天庆典活动的各位领导、各位嘉宾、各位新闻界的朋友表示诚挚的欢迎，向大家一直以来对我镇的关心、支持、帮助表示衷心的感谢！

俗话说："一个篱笆三个桩，一个好汉三个帮。"在C镇发展的历史长河里，流淌着无数建设者辛勤的汗水，同样也凝聚着在座各位朋友和社会各界朋友的心血和智慧。在此，我代表中共C镇镇党委、镇政府和全镇3万人民再次深表谢意。我们竭诚欢迎海内外客商和有识之士来C镇旅游，洽谈贸易，投资置业，在互利互惠的基础上，与我们携手共建美好的未来！

C镇人民永远欢迎您！谢谢大家！

第九章

迎宾答谢祝酒词

——你来我往，知恩报德

迎宾答谢酒礼仪和祝酒词结构

在商务交往或社交礼仪中，答谢酒一般是对客户、员工、合作方、媒体等表示谢意的宴会。

答谢酒礼仪应该遵循以下几个方面：

宴席开始时，宴请方应作简短致辞，说明宴请的目的，并向各位来宾致以美好的祝愿；设宴方应及时介绍来宾，让宾客各方互相结识，要优先向社会地位较高以及年长的人士或女士介绍其他来宾。

要考虑客人的具体请求，要考虑使各位客人都有背景相近的谈话对象；还要考虑合理安排男女客人的座位顺序，要将餐桌的主席留给德高望重的客人或最为重要的客人；要尽量利用空间，不要坐得过近。

设宴方应时刻注意全体客人的安全，特别是在使用煤气的火锅店必须严防火灾，并应提高警惕防范盗窃；设宴主人应当关照每一位客人，令其感到备受重视，确保不冷落每一位客人，不应依客人的身份不同加以明显的区别对待。

设宴主人应征求大家的意见，适时以委婉的方式提出结束宴席，并真诚地感谢各位宾客的光临。散席后，设宴方有责任确保驾车赴宴的宾客安全离开；对于老年宾客，主人应亲自为其叫出租车，并详细叮嘱司机交通线路。

迎宾词是机关或企业在举行隆重庆典、大型集会、欢迎仪式或洗尘宴会上，主人对宾客的来临表示热烈欢迎而使用的讲话。迎宾词言辞热情，旨在对来宾表示欢迎和尊重，表达友好交往、增强交流与合作的心愿，营造和强化友好和谐的社交气氛。迎宾词具有应对性，一般来说，主人致迎宾词后，宾客即致答词。

迎宾答谢词的结构由称呼、开头、正文、结语四部分构成。具体的结构如下。

称呼

比如“亲爱的朋友”“尊敬的领导”等亲切的称呼，面对宾客时，不同的身份要用不同的称呼。

开头

能充分地表达出主人对客人的欢迎就可以，可以开门见山地对对方致以衷心的感谢。

比如：“在我们满怀豪情迎接新的一年之际，我们以最真诚的谢意、最真挚的祝福在这里举办迎新春答谢客户酒会。首先我代表 ×× 大厦向一直给予我们支持和厚爱的新老客户朋友表示谢意，并祝你们在新的一年里身体健康、工作顺利、生意兴隆、万事如意！”

正文

这部分要说明欢迎来宾的原因，可以叙述彼此的交往情谊，说明交往的意义。接着用具体的事例，对对方所做的一切给予高度评价和充分的肯定。对初次来访者，可以多介绍本机关或企业的情况，以赢得他们的好感。

答谢员工，可以表达对员工敬业精神的感激之情。比如：“在过去的一年里，我们的管理干部在认真做好本职工作的同时，深入卖场第一线，为保证各项工作的有序进行耗尽心血；广大一线员工，尤其是广大女员工，舍小家顾大家，一心扑在工作上，为商场的发展做出了巨大的牺牲；广大业务人员，长年奔波在外、风餐露宿，保证了一线商品的供应；广大后勤人员，牢固树立为一线服务的意识，及时解决基层实际困难和问题，保证了卖场的正常营运。在此，让我们真诚地向大家道一声：你们辛苦了！”

答谢合作方，可以说：“感谢诸位在六年多的时间里，对我公司给予的支持和厚爱，使我公司得以在市场的起伏中和诸位一道经风历雨、合作多年，一起成长壮大。”

答谢媒体，可以说：“如果没有在座各位的支持，没有各位媒体朋友的帮助，我们公司就没有今天辉煌的成就！”

结语

用几句话表示对来宾的祝愿。答谢合作方，可以颂扬对方的成就和贡献。

再次感谢的同时，提出自己的希望和良好的祝愿。

比如：“在新的一年里我们将继续努力，不断取得新的突破，来回报广大客户的厚爱，为您事业的成功尽我们的微薄之力。我们将以百倍的努力和良好的服务以及崭新的精神风貌服务于您，我相信经过我们相互支持、友好合作，我们一定能实现双赢的目标。

“让我们携手奔向美好的明天！再次祝福全厦客户及各公司员工新年快乐，万事如意！祝各位事业辉煌，如日中天！祝各单位百业俱兴，宏图大展，前程无限，吉年大发！”

迎宾答谢祝酒词佳句

迎宾祝酒词盘点

❖ 让我们的手紧握在一起，友好交流吧！心灵相通，快乐地笑吧！共同倾吐一下，各自向往的美好未来。

❖ 人之相知，贵相知心。

❖ 我们辛勤耕耘着这一块土地，甜果涩果分尝一半。为了共同享有那甜蜜的生活，我们仍然需要继续奋斗，需要精神团结。

❖ 向新朋友们表示热烈欢迎，并希望能与新朋友们密切协作，发展相互间的友好合作关系。

❖ 我们携手共进，战果才会辉煌。

❖ 我们的友谊里蕴含着热情、善良和希望。

❖ 愿我们共同浇注心血的田地里，能成长出丰盛的果实。让我们从现在开始，肩并肩，手拉手，将过去和未来联系起来吧！让我们将人生变成一个科学的梦，再让梦想成真。

答谢祝酒词盘点

❖ 我真诚地希望，与各位新老朋友进一步增进友谊，密切联系，加强合作，携手创业！

❖ 一路走来，非常不易。这些年来，我们与社会各界朋友，尤其是与在座的各位嘉宾建立了深厚的友谊，在大家的关心和支持下，我们的工作日新月异。今天借这杯薄酒，聊表谢意，谢谢大家的支持！谢谢！

❖ 借此机会，请允许我对您过去的支持和帮助表示衷心感谢，希望在以后的日子里，能得到您一如既往的支持。

❖ 我能取得这样的成绩，离不开在座各位的支持和厚爱，在此，我敬各位一杯酒，感谢大家多年来对我的关照和厚爱！谢谢大家！

❖ 在以往的工作中，贵方给予了我们充分的理解和有力的支持，对此表示深深的敬意和诚挚的感谢，让我们共创美好的明天！

❖ 请各位开怀畅饮，为朋友们的健康，为我们的友谊，为共同的事业，干杯！

❖ 我诚挚地邀请尊贵的朋友们，常来这里走一走、看一看，寻找更多合作商机，共创发展锦绣前程！

大型活动迎宴祝酒词

致辞人：商务部副部长

尊敬的A市市长、各位来宾：

晚上好！

“东部开放品牌行”车队经过了35天的行程，途经五省一市，来到有着国际花园城市美誉的鹏城——深圳。首先，请允许我代表商务部，代表A市部长，对深圳市委、市政府以及参与“品牌万里行”深圳站活动的各界人士表示衷心的感谢！同时对“东部开放品牌行”全体成员表示亲切的慰问！

经过改革开放30年的发展，中国的经济总量已经位居世界前列。加入WTO后，中国经济已经全面融入世界经济体系。但是要看到，我国产业的国际竞争力水平还比较低，我国产业的发展仍然面临着诸多压力和挑战。要实现经济增长方式从粗放型向集约型转变，我们尚需付出艰苦的努力。为了提升产品竞争力，转变外贸增长方式和经济增长方式，必须走品牌强国、品牌强企之路。

商务部开展“品牌万里行”活动，就是要唤起全民的品牌意识，在全社会范围形成一个用品牌、爱品牌的良好氛围，创造有利于品牌建设的宏观环境。

我衷心希望，通过“品牌万里行”活动，深圳能进一步加快自主创新，把自主品牌做强做大，在对外开放的竞争中，百尺竿头，更进一步！

最后，请允许我再次对深圳市委、市政府以及各界朋友对“品牌万里行”活动的支持表示衷心的感谢。

谢谢大家！

工作会议迎宴祝酒词

范文赏析一

致辞人：县委领导

尊敬的省劳务办李主任、市政府王市长、各位领导、同志们：

大家好！

荆山迎嘉宾，洛水会宾朋。全市劳务输出工作现场会在我县隆重召开，我们备感鼓舞。在此，我谨代表中共A县县委、县人大、县政府、县政协，以及全县300万人民，向在百忙之中参加会议的省劳务办和市政府的各位领导、同志，表示热烈的欢迎和衷心的感谢！

近年来，我县立足丰富的劳动力资源优势，坚持把劳务输出作为助农增收、富民强县的一项主导产业来抓，抢抓机遇，因势利导，积极为农民工提供用工信息、联系劳务基地、开展技能培训、加强保障服务，努力扩大输出规模，有效增加了农民收入，被省劳务办评为“全省劳务输出工作示范县”和“全省境外就业先进县”，“梯田人”劳务品牌被中国就业促进会评为“全国优秀劳务品牌”。但我们深知，我们的工作与市委、市政府的要求和群众的愿望相比，还有一定的不足和差距，敬请各位领导和同志提出宝贵的意见和建议。我们将以贯彻落实这次现场会议精神为契机，进一步加强务工人员的技能培训，不断拓宽劳务基地，扩大输出规模，做大做强“梯田人”劳务品牌，真正把劳务产业培育成我县的一大主导产业，努力促进全县经济社会又好又快发展。

现在，请允许我提议：为了预祝会议的圆满成功，为了各位领导和同志的身体健康、工作顺利、家庭幸福，共同干杯！

范文赏析二

致辞人：A 市市区领导

尊敬的各位领导、各位来宾、朋友们：

大家好！

有朋自远方来，不亦乐乎。今天，我们怀着无比激动的心情迎来了第六届桃花旅游节的召开。在此，我谨代表中共 B 区区委、C 区人民政府和热情好客的 A 市人民，再次向在百忙中拨冗光临本届盛会的各级领导、各位贵宾、海内外各界朋友表示最热烈的欢迎和最衷心的感谢！

本届旅游节是 A 市首次由市辖区单独承办的一次历史性大节日，是各位领导、各界贤达、亲朋好友共话友谊、共襄盛举、共谋发展的一次历史性大聚会。我们相信，有各级领导的关心指导，有海内外各界朋友的大力支持和积极参与，以“展示多元文化，彰显名城风采”为主题的第六届桃花旅游节，一定能够办成一个全面展示 A 市及 B 区改革开放成就和丰富旅游资源的展示盛会，一个加强与海内外各界朋友沟通联系、增进友谊、扩大合作的交流盛会，一个异彩纷呈、令人难忘的旅游盛会，一个推动旅游产业发展、互利互动共荣的收获盛会。

现在，我提议：让我们共同举杯，为第六届桃花旅游节的圆满成功，为各位领导、各位贵宾、各位朋友的光临，为大家的身体健康、事业发达、合家幸福，干杯！

公司迎宾祝酒词

致辞人：总经理

尊敬的各位领导、各位来宾：

大家好，我代表AA有限公司的员工，向各位领导和嘉宾的光临表示热烈的欢迎。

在这如诗如画、春光明媚的日子里，我们AA有限公司迎来了十年华诞。此时此刻，我站在台上，心情非常激动。千言万语，只能用一句话来表达，那就是：感谢大家。

首先，我要感谢：

……

借此机会，我想向在座的各位领导和来宾提一个请求，请大家为我们颁发金、银、铜三个奖杯：

第一，我要用铜杯添满冰镇的啤酒喝下去，那种清爽的感觉会让我们时刻保持清醒、理智的头脑，正确把握企业的发展方向。

第二，我要用银杯盛满醇厚的白酒喝下去，那种浓烈的感觉会更强烈地激起我们的工作热情。

第三，我要用金杯斟满红色的葡萄酒喝下去，我们有一种期盼，AA有限公司在大家的支持下一定会更加红火！

记得有一首歌叫《三杯美酒敬亲人》，我也要向领导和来宾敬上同样的三杯酒，代表我们的感激之情、期盼之意：AA过去的成功，与大家的关心、支持密不可分。AA今后的发展，仍然离不开各位的鼎力相助。

恳请大家把这三杯充满美意的酒干了！再次欢迎和感谢大家今天的光临！

迎接访问团祝酒词

致辞人：接待方领导

尊敬的李明副市长、各位领导、同志们：

晚上好！

正值A市人民深入贯彻党的十九届七中全会，加快建设大城市的重要时刻，李明副市长率A市代表团赴B区开展对口支持工作，这充分体现了对我区工作及经济社会发展的关心与支持。首先，我代表中共B区区委、区人大、区政府、区政协和全区50万人民，向李明副市长一行的到来表示热烈欢迎。

十年来，A市市委、市政府积极响应党中央和国务院号召，以高度的政治责任感，积极开展对口支援和经济技术协作。累计为B区捐款捐物5000万元，积极组织知名企业到B区考察洽谈，红花药业等企业和项目已落户B区，有力地促进了B区经济社会发展。在此，我代表中共B区区委、区人大、区政府、区政协和全区50万人民，向在座各位并通过你们向所有关心、支持B区开发建设和经济社会发展的各级领导、各界朋友表示衷心的感谢和崇高的敬意！

今后一个时期，我们将按照“五年打基础，十年构框架，二十年建成大城市”的战略部署，加快经济发展，推进城市建设。

真诚希望A市一如既往地大力支持、关注B区的经济社会发展，组织引导更多的企业到B区投资兴业。我们将创造一流的政务环境、法制环境、工作环境、社会环境，支持到B区投资的企业的发展。

现在，我提议：请大家共同举杯，为我们的真挚友谊，为我们的精诚合作，为各位的身体健康，干杯！

答谢员工祝酒词

致辞人：发电厂总经理

各位来宾、同志们：

一元复始，万象更新，在2019年新春佳节即将来临之际，我们满怀收获的喜悦欢聚一堂，共进晚宴，共叙友谊。首先，我代表AA公司对出席今天宴会的各位来宾表示热烈的欢迎！向在座的各参建单位项目部的领导，并通过你们向为BB发电工程付出心血和辛勤汗水的全体参建人员及其家属致以崇高的敬意！

刚刚过去的2018年，对AA公司来讲，是极不平凡的一年。这一年，经过我们的不懈努力，在极其严峻的形势下，我们的项目获得核准。各参建单位顾全大局，奋力拼搏，团结协作，克服困难，终于实现了烟囱到顶、主厂房封闭、锅炉大件基本吊装完成、空冷岛立柱施工完成、汽包安装就位等重要工程节点目标。在工程进度取得较大进展的同时，确保了工程的安全、质量。在此，我向大家致以深深的谢意！

同志们，朋友们！崭新的2019年是发电工程机组投产的决战决胜年。衷心希望各参建单位及全体参建人员在新的一年里携起手来，心往一处想，劲向一处使，继续发扬特别能吃苦、特别能战斗、特别能奉献的精神，积极配合，努力工作，振奋精神，再接再厉，为 BB 发电工程建设再谱新篇章！

下面，我提议：为了 BB 工程年底机组发电实现双赢的目标，为了同志们和朋友们的合家幸福、身体健康、工作顺利，干杯！

答谢合作伙伴祝酒词

致辞人：A 省公路勘察规划设计院领导

尊敬的各位来宾、各位同人：

“冬去犹留诗意在，春来身入画图中。”在满怀豪情迎接新的一年到来之际，我们在此与各位同人、朋友欢聚一堂，共叙友谊，心里感到非常高兴。首先，请允许我代表 A 省公路勘察规划设计院全体员工，对各位的到来表示热烈的欢迎！

近几年来，在省交通集团的正确领导下，通过院领导班子以及全体员工的共同努力，我院的内部管理水平不断提高，产品质量不断提升，品牌优势不断凸现，各项事业均呈现出了生机勃勃的崭新局面。这些成绩的取得与在座各位的大力支持和鼎力相助是分不开的，军功章里有你们的一半，设计院的发展历史也必将为你们记下浓墨重彩的一笔，在此向你们表示衷心的感谢！

回顾过去的几年，我们本着诚信、共赢的原则，在设计、勘察、测量、交通工程、水土保持等各个领域开展了广泛的合作，取得了非常好的成绩。通过合作，我们增进了彼此的了解和友谊，加强了技术交流和合作；更为重要的是，通过合作，我院综合实力得到了增强，各合作单位的人才队伍也得到了迅速成长，同时，经济效益也得到了相应提高，完全达到了互利共赢的合作目的。展望即将到来的 2024 年，我院将继续争取为我们的合作提供更为广阔的舞台，我坚信我们在今后的合作道路上必将取得更大的成绩！

在新春佳节到来之际，我谨代表设计院全体员工并以我个人的名义给在座各位拜个早年，预祝大家：身体健康，合家欢乐，工作顺利，事业有成！

最后，我提议让我们共同举杯，为我们的友谊，为我们的合作，为我们的成功，为我们的健康，为我们美好的未来，干杯！

答谢客户祝酒词

致辞人：公司经理

各位来宾、广大经销商朋友们：

大家晚上好！

在一年一度的新春佳节来临之际，各位能在百忙之中来到A市，共聚于我们BB服装“2024年春夏服装订货会”，我们深感荣幸！值此良辰美景，请允许我代表BB服装有限公司全体员工，向出席今晚酒会的各位来宾、各位朋友致以最热烈的欢迎和最诚挚的问候！祝大家身体健康，家庭幸福，万事如意！

BB服装自2020年创立以来，走过了两年不寻常的发展历程。两年来，我们与社会各界朋友尤其是与在座的各位嘉宾建立了深厚的友谊，在大家的关心和支持下，我们的工作日新月异。在刚刚过去的2023年里，BB服装再创佳绩，这些成绩的取得，离不开在座各位的支持和厚爱，在此，我先敬各位嘉宾一杯酒，感谢大家多年来对BB服装始终如一的关爱！谢谢大家！

展望新的一年，BB公司将秉承“做大做强品牌”的经营宗旨，在新的一年里不断推出高品质、高市场占有率的服装，在企业做大做强的同时，让在座的各位也都生意兴隆、红红火火！请与我们携手，让我们共同见证BB品牌的成长，让我们举杯共祝：新的一年有新的飞跃，新的耕耘带给我们新的辉煌！

最后，让杯中的美酒来表达我们的信心和谢意，朋友们，干杯！

第十章

开幕闭幕祝酒词

——聚散终有时，再见亦有期

开幕闭幕祝酒词结构

在一个大型活动开始的时候，往往会举办开幕式。开幕时，众人举杯预祝活动或会议圆满成功，祝酒词对人们的集体向心力起着无可替代的催化、强固作用；闭幕时，再度举杯庆祝圆满落幕，祝酒词联结大家同心协力，团结了每个个体，使其凝为一体，共举大事。

开幕祝酒词通常由称谓、开头、正文及结尾组成。

称谓

“各位代表”“先生们，女士们”等会议的尊称，要是有特邀嘉宾，可以写成“尊敬的李阳先生，各位代表，朋友们”等，要根据不同的身份进行不同的转换。

开头

开头一般是宣布开幕之类的语言。

正文

正文部分一般包括以下内容：会议的性质、目的以及主要任务；会议的筹备和出席会议人员的情况；会议的主要议程以及要求；会议召开的重要背景和意义；会议的奋斗目标以及深远影响；等等。

行文要流畅、明快，评议要坚定有力，致辞人的语气要充满热情，时刻鼓舞员工。在致辞时一定要把握会议的性质，郑重阐述会议的特点、意义、要求和希望，高度概括，以此说明会议本身的情况，这里需要注意的是语言要点到为止。

结尾

结尾通常都是“祝大会圆满成功”之类。

天下万事，均有始终，善始善终，方为圆满。往往一个活动有开幕式，就会有闭幕式，有开幕词就会有闭幕词。闭幕词是一些大型会议结束时由德高望重者或有关领导人向会议所作的带有号召性、评估性和总结性的致辞。闭幕词常要对会议或活动作出正确的评估和总结，对会议或活动所取得的成果充分肯定，尤其强调活动或会议的深远影响和主要精神，激励有关人员宣传会议或活动的精神实质，并且贯彻落实相关的决议或倡议。

闭幕词由标题、称呼和正文、结尾几部分组成。

标题、称呼

标题与称呼的写法与开幕词基本相同。

正文

第一段跟大家问候过后，接下来就是正文的部分。这时，需要另起一段进行说明，首先，可以概述下会议完成的预定任务是否成功，并且表明现在该活动要闭幕了。其次，叙述下会议的进行情况。最后，评价一下会议的收获、意义和产生的影响。正文的核心部分要写清楚：向与会人员提出贯彻会议精神的基本要求；会议通过的主要事项和基本精神；会议的重要性和深远意义；等等。

上述的内容通常不能缺少。写闭幕词时要实时掌握会议情况，以便有针对性地对会议内容进行更改和肯定；通篇要热情洋溢，最好简洁有序，起到激发员工斗志、增强企业信念的作用。

结尾

结尾部分一般会以坚定的语气发出号召，提出对未来发展的希望，并表示对员工或公司的祝愿，最后郑重宣布会议闭幕。

为了让大会显得开得非常成功，闭幕词要与开幕词首尾衔接、前后呼应。

开幕闭幕祝酒词佳句

开幕祝语

❖ 今天在座的有金融方面的专家，也有实业界的老总，希望本届论坛能够对大家有所帮助，最后预祝大会圆满成功。

❖ 你们是祖国的未来和希望，我期望你们从这次体育盛会中去享受成功的喜悦，体味拼搏的乐趣，寄托成功的希望，去创造崭新的未来！预祝全体运动员取得优异的成绩！预祝本届运动会取得圆满成功！

❖ 我们欢迎各位朋友到本地观光游览，发展相互间的友好合作关系。最后，预祝此次国际技术合作和出口商品洽谈会圆满成功。

❖ 21世纪已经来临，我们肩负的研究事业任重而道远，让我们高举团结的旗帜，努力拼搏，开拓进取，为这个领域做出新的努力和贡献。

❖ 在本届学术研讨会上，希望各位学有所成的仁人君子、圣贤谦虚为怀，保持学者形象和风度，相互交流、谦虚学习、互取所长，齐心协力推动学术的大发展。

闭幕祝语

❖ 经过与会代表的共同努力，这次会议取得了圆满成功。可以说，这是一次民主、团结、鼓劲、奋进的大会。

❖这次体育运动大会是对我校师生的一次检验，我校师生在本次运动会上表现出了较高的体育道德风范。本次运动会蕴含着全体体育教师多天来的辛勤汗水，蕴含着班主任、科任教师的不懈努力，更蕴含着全体运动员顽强的意志，这是一次令人鼓舞的运动会。

❖在新年的钟声中祝大家新年快乐，祝本次大会取得圆满成功。

❖国际科学与和平周，集中体现了全球许多人在从事的日常活动，得到了广泛的支持，取得了光辉的成就，使大会圆满成功。我表示衷心的感谢，并希望我们在下一届大会上再相会。

❖短短的几个小时匆匆而去，让我们在新的一年里放飞自己的梦想，让我们一起欢歌吧，明年见。

❖可以说，这次大会开得很成功，是一次解放思想、同心协力、创新务实、生动活泼的大会，也是A市工商业联合会进入新世纪具有承前启后、继往开来意义的一次盛会，它必将掀开A市工商业联合会历史新的篇章。

❖在刚才欢乐的时光中，我们放下了苦恼，放飞了梦想！在这里，预祝明天会更好！

❖祝贺这次学术研讨会胜利闭幕！

会议开幕祝酒词

致辞人：分会会长

女士们、先生们：

晚上好！“中国国际BB展览会”今天开幕了。今晚，我们有机会同各界朋友欢聚，感到很高兴。我谨代表中国国际贸易促进委员会A市分会，对各位朋友光临我们的招待会，表示热烈欢迎！

“中国国际BB展览会”自上午开幕以来，已引起了我市及外地科技人员的浓厚兴趣。这次展览会在C地举行，为来自全国各地的科技人员提供了经济技术交流的好机会。我相信，展览会在推动这一领域的技术进步以及经济贸易的发展方面将起到积极作用。希望每一位有远见、有实力的朋友都能抓住机会，参与其中，施展才干，创建业绩，赢得未来。

今天在座的各位来宾中，有许多是我们的老朋友，我们之间有着良好的合作关系。对于你们的真诚合作精神，我们表示由衷的赞赏和感谢。同时，我们也热情欢迎来自各国各地区的新朋友，为有幸结识这些新朋友感到十分高兴。

今晚，各国朋友欢聚一堂，我希望中外同行广交朋友，寻求合作，共同度过一个愉快的夜晚。

最后，请大家举杯，为“中国国际BB展览会”的圆满成功、朋友们的健康，干杯！

活动开幕祝酒词

致辞人：A 市副市长

尊敬的各位领导、嘉宾，女士们、先生们：

晚上好！

今天，有机会同各位领导、各位嘉宾、各位朋友相聚，我非常高兴。

我谨代表 A 市政府，代表本届展会的主办和承办机构，对光临今天晚上开幕招待酒会的各位领导、各位嘉宾、各位朋友表示热烈的欢迎和衷心的感谢。

本届展会以“承载梦想、畅想生活”为主题，集中展示各类乘用车、商用车以及汽车零配件、汽车用品等，展会总规模达到 85000 平方米。其中，整车参展企业 60 家，展出面积 65000 平方米，零配件及用品参展企业 328 家，展出面积 20000 平方米。

本届汽车展的参展企业阵容强大，品牌云集。参展商对本届 CC 汽车展的重视度进一步提高。

在当日举行新车发布会的参展企业有 30 多家，20 多台概念车及 90 多台新车争相登场，来自海内外的汽车行业知名厂商纷纷亮相，在 CC 汽车展这个优秀的商业平台上展示他们的最新产品、先进技术及品牌形象。

本届展览会的成功举办，有赖于国内外有关单位的积极参与和大力支持。

谨此，我代表主办机构，向所有支持CC汽车展的机构和朋友表示衷心的感谢！并诚挚地希望在座各位一如既往地支持BB汽车工业及CC汽车展的发展。

现在，请大家举杯，为预祝本届展会圆满成功，为各位朋友的身体健康，干杯！

比赛开幕祝酒词

致辞人：区领导

尊敬的各位领导、同志们、朋友们：

大家晚上好！

首先，我代表C区区委、区政府向各位领导的到来表示热烈的欢迎，向一直以来给予我们支持和帮助的领导和朋友们致以崇高的谢意！

今晚的酒会，我们有三喜。

一喜，是喜迎建军97周年，全区军民同庆，鱼水之情更深。

二喜，是由AAA、BBB、CCC联合主办的庆“八一”领导干部篮球比赛，今天下午就要开幕了。比赛场上，运动员们将以球会友，强健体魄。

三喜，是区、矿、乡领导欢聚一堂，借球赛之机，共叙友情，共谋地区发展更大的合作领域。

A市是我们共同的家园！无论是在企业还是在机关，无论是中直还是省直，无论是在军队还是在地方，我们都共同生活、工作在A市这片美丽的土地上，共饮A市水，同为A市人。携手共建一个美好和谐的新A市，是我们无上的光荣。我们要更加紧密地团结起来，树立区域一体、共谋发展的思想，走项目联上、市场联开、城区联建的发展之路，在干事创业、造福于民的道路上再创新佳绩，铸就新辉煌！

美好的未来要靠我们用激情和热情、用智慧和劳动、用汗水和奉献、用信念和奋斗去开创！

现在我提议：让我们共同举杯，为迎来A市地区更加灿烂辉煌的明天，干杯！

活动闭幕祝酒词

致辞人：上海市 A 区领导

尊敬的李义先生、张阳先生，各位艺术团团长、各位民间艺术表演家：

大家晚上好！

刚才在我们的闭幕式上，每个艺术团都拿到了一个精致的奖杯，在此，我代表艺术节组委会向大家表示衷心的祝贺！

上海市国际民间艺术节是世界民间艺术交流的舞台，在这个舞台上，我们交流艺术，增进友谊，正是有了大家的参与，才使我们的艺术节举办得如此绚丽多姿、精彩无比。

在过去的 8 天里，大家的精彩演出给 A 区人民留下了难忘的印象，我们已经为大家做好了精美的影集和开幕式 DVD 光盘，明天各位将陆续离开上海，我希望大家能把这些照片和图像带回自己的家乡，和家人、朋友共同分享艺术节的成功和喜悦。我相信，虽然我们相隔遥远，但我们的心灵是相通的，我们的友谊是永恒的。

上海市国际民间艺术节是大家共同的节日，我现在给大家透露一个消息：今天也是波兰波兹南民间艺术团卡塔尔兹南小姐的生日。

最后，让我们共同举杯，为艺术节的圆满成功，为我们的友谊，为祝贺卡塔尔兹南小姐的生日，干杯！

比赛闭幕祝酒词

致辞人：A 市 B 县委领导

尊敬的各位领导、各位来宾、同志们：

大家下午好！

在欢庆“五一”的热烈气氛中，经过三天的紧张比赛，B 县“紫荆杯”篮球邀请赛今天就要胜利闭幕了。在此，我谨代表 B 县县委、县人大、县政府、县政协及全县 43 万人民，向不辞辛苦、远道而来的各位领导、各位嘉宾、体育界同人表示最诚挚的敬意！

本次篮球邀请赛，既对我县近年来经济文化建设成果进行了宣传和展示，也同全市各县（区）进行了广泛的学习和交流，加强团结，增进了友谊。在比赛过程中，各县（区）代表队充分发扬团队精神，团结拼搏，勇于进取，赛出了风格，赛出了水平，给 B 县人民留下了深刻的印象。本次邀请赛是一次开拓创新、共建和谐的盛会，是一次凝聚人心、鼓舞干劲的盛会，达到了相互交流、共赢发展的目的。我相信，这次邀请赛的成功举办，必将对今后兄弟县（区）之间的共同合作、对加深各县（区）之间的友谊、对全市体育事业的蓬勃发展都起到积极的推动作用。

现在，我提议：为本次邀请赛的成功举办，为我们共同的友谊，为朋友们的健康、幸福，干杯。

顺口溜

生日 婚宴 节庆 庆典 职场 商务

范例齐全，语言生动，
与时俱进

一本书教你提升表达力，
盘活关系网，
秒变社交达人

目录

CONTENTS

敬长辈

- 爷爷，祝您身体健康，长命百岁，敬您！
- 老爷子，我敬您一杯，祝老爷子身体健康，事事顺心。
- 我到现在都还记得，当初在您家的那三年。
要不是您和姑姑，我也不可能在这个城市立足，
也不会有今天。这杯我敬您，祝您身体健康，步步高升。
- 爸，妈，我这一年在家也待不了几天，没有陪你们吃饭逛街，
家里农活忙的时候，也没空回来帮你们，你们都不怪我，
还无条件支撑我的事业。虽然还没有赚到钱，可是，
你们却始终坚信我能成功，太谢谢你们了，我要敬你们一杯。
你们安心，我一定不会辜负你们的期望。
- 三叔，我能有今天，多亏您当初供我上学，
现在是我回报您的时候了，来，今天我敬您一杯！
- 这一年没少麻烦您，感谢一路的支持和帮助。
哈哈，今年还会麻烦您，您别嫌弃。
- 家有二老，如获至宝，祝二老洪福齐天，幸福无边。
祝爷爷奶奶身心同康，福寿安享。
- 祝外公外婆如松如鹤，多寿多福，福禄欢喜，长生无极。

敬领导

- 火车跑得快，全靠领导带，大家吃好喝好，全靠您来领导。
- 领导，我敬您一杯，希望领导万事顺心，带领我们再创辉煌，
  祝福领导身体健康、工作顺利。
- 领导，我敬您一杯，非常感激您在我职场最迷茫的时候，
  给我指点，我一辈子不会忘。
- 这些年一直承蒙您的关心和帮助，借此机会，
  让我用一杯酒来表达我对您的谢意。
- 领导，单位现在获得的荣誉，都是因为您的统筹规划和领导有方。
  我会认真工作，为公司争光，我敬您。
- 这两杯小酒不算啥，就当领导您刷刷牙。
  三杯好，三杯妙，三杯福星来高照。
  问您发财要不要？喝了这杯就见效。
- 鱼儿浑身都是宝，在座的各位都少不了，
  大家一起举起酒杯，举举杯，过过电，
  联络联络感情线，大家一起轻松把钱赚。
  领导您看咱这酒也喝了，杯也空了，
  伸出您发财的双手给鱼儿剪个彩。
  咱这筷子手中拿，想啥就有啥，剪彩剪彩，剪出人生精彩。
  最后祝在座的各位贵宾：一帆风顺好事多，身体健康快乐多，
  一年四季福气多，财源滚滚钞票多。

敬同事

- 王姐，和您在一起工作，真的很开心，
  也跟着您慢慢变得稳重老练，平时真没少给您添麻烦。
  感谢王姐一直以来的帮助，
  所有的都在这杯酒里了，我敬您。
- 很高兴能够加入咱们这个大家庭里，也非常感谢大家对我的帮助，
  希望在今后的工作中我们依然互帮互助，一起把工作做好，
  需要我的地方也尽管来找我，我绝不推辞。
  这杯酒我先敬大家！
- 小林，上次那个方案，多亏了你帮我找资料，兄弟之情，记在心底。
  借这杯酒，感谢一直以来的配合和支持。
  希望咱们以后，继续像好哥们一样，
  互相理解、互相支持、互相帮助。
- 谢谢夸奖，其实我刚刚踏入社会的时候，
  比你们可差远了，那时候上酒桌话都不敢说，
  你们以后一定比我强。
- 孤木难成林，我们的成功离不开大家的团结协作。
  有你们在工作上的努力，就没有干不成的事儿！
- 与各位共事，我深感荣幸。
  愿我们的团队合作更加默契，事业蒸蒸日上，
  举杯共饮，庆祝我们的共同努力和成功！

- 感谢你们在工作中给予的鼓励和支持，让我更加坚定了前行的步伐。

  愿我们的团队越来越优秀，事业越来越兴旺。

  举杯共饮，庆祝我们的每一个美好瞬间！

- 作为晚辈，被您夸真的很激动，这杯酒我敬您，

  还需要多多向您学习。

- 百礼之首就是酒，喝杯顺心酒，好运跟你走。

  酒杯一拿，事业发达，酒杯一抬，升官发财，

  酒杯一举，鹏程万里，酒杯一碰，黄金乱蹦，

  酒杯一响，黄金万两，酒杯一干，业绩翻番。

敬同学

- 班长，时间过得真的太快了，我们快十年没见了，不过你保养得真好，整个状态、皮肤都特别好。这杯敬你，希望青春永驻，未来可期。

- 张帅，你真的太优秀了，真的羡慕你娶了我们的女神。想想我们一起追女神的日子，你是我们之中胆子最小的，没想到今天的你是最成功的，祝贺你，祝你们永远幸福。

- 老李，我刚才听班长说你现在从事互联网工作，这真的很好，我希望你的工作越来越顺利，毕竟，这个行业的前景仍然很好，来吧，干杯！

- 桌上有肉，杯中有酒，同学中有你们，我倍感珍惜。希望以后的日子和老同学们喜乐有分享，共度日月长。我敬大家一杯，青山在，人未老，同学情更浓，岁月增，水长流，我们情怀依旧。

敬老师

- 老师，我敬您一杯。谢谢您这么多年的教导和照顾！
- 在这特别的时刻，我满怀感激之情，向尊敬的老师举杯。
  老师，是您用知识的灯塔照亮了我们前行的道路，
  用无私的奉献培育了我们成长的土壤。
  您的教诲如同春雨般润物无声，滋养了我们的心田。
  在此，我衷心祝愿老师身体健康，工作顺利，家庭幸福。
  让我们共同举杯，为老师的辛勤付出和无私奉献干杯！
- 老师，您是智慧的钥匙，为我们打开了知识的大门；
  您是心灵的导师，引领我们在人生的道路上不断探索。
  在您的悉心教导下，我们学会了思考，学会了创新，
  更学会了如何面对生活的挑战。
  今晚，我满怀敬意地向您举杯，感谢您给予的启迪与引导。
  愿您的生活充满智慧的光芒，愿您的每一天都充满幸福与喜悦。
- 老师，您不仅是我们学业上的引路人，更是我们人生中的榜样。
  您的言行举止、道德品质都深深地影响着我们，
  让我们学会了如何做人、如何做事。
  在您的身上，我们看到了责任与担当，看到了坚持与努力。
  今晚，让我们举杯，向这位伟大的榜样致敬！
  愿您的生活充满阳光，愿您的精神永远年轻。
- 老师，您是文化的传承者，将千年的智慧与文明薪火相传。

在您的课堂上，我们领略了中华文化的博大精深，
感受到了人类文明的璀璨光芒。
今晚，我满怀敬意地向您举杯，感谢您为传承文化所做的贡献。
愿您的生活如诗如画，愿您的精神永载史册。

亲爱的老师，感谢您一直以来的辛勤付出与无私奉献。
在您的关怀与指导下，我们茁壮成长，收获了知识与友谊。
今晚，我们欢聚一堂，共同庆祝这个美好的时刻。
在此，我衷心祝愿老师身体健康，工作顺利，家庭和睦。
愿您的生活充满欢笑与幸福，愿您的每一天都充满阳光与希望。
让我们共同举杯，为老师的幸福与安康干杯！

敬朋友

- 刘哥，酒杯一举，福来家里，酒杯一抬，八方来财。
祝刘哥喝了这杯酒，有福有财。

- 天蓝蓝海蓝蓝，喝完这杯往下传，
白酒红酒小啤酒，祝我们友谊天长地久，干杯！

- 酒也倒上了，说点走心的；走心才能同行，有爱才能共鸣。
祝愿大家生活步步高，好运天天交。

- 感慨啊！一晃过去这么多年了，以前年轻的时候，
大家路边随便喝点小酒，一盘花生米就搞定了。
那时候年轻，也没那么多积蓄，再来看看现在，
生活条件好了，庆幸我们几个兄弟还在一起。
人生啊，短短几十年，非常感恩兄弟们的不离不弃，
感谢兄弟们互帮互助走了这么多年，真的很不容易。
来，我敬大家一杯，祝福我们未来的日子越来越好，
真心希望我们老了还能在一起喝酒一起吃肉！

- 刚刚听你说了在工作中的经历，我也有同样的感觉。
你经历过的我也经历过，
一开始真的很困难，但现在也好了很多。
这杯酒我敬我们同样的过去，希望我们将来会更顺利！

- 这些年一路走过来不容易，当年我最困难的时候，
是你挺身而出，感谢你的帮助，以后还是兄弟。

- 来来来，你看你平时都忙，都没时间一起聚一聚，
今天好不容易有时间了一起聚聚，让我敬你一杯。

- 你看你平时那么忙，今天才抽出时间和我一起吃个便饭，
实在是我的荣幸。来来来，我先干为敬，你随意……

- 人生不求财富满地，但求健康四季；
情谊不求朝夕相聚，但求时常惦记。
周末喝点酒，活过 109，那就让我们共同举杯吧。
上午阳光明媚，祝大家工资翻倍；
下午小风娇好，祝我们青春不老。

- 和优秀的人为伍，人生之路才会越走越远，
俗话说豆角开花藤牵藤，朋友相处心连心！
愿努力生活的我们，各有各的风雨灿烂，
一路向阳，不负时光。

- 让我们碰碰杯，过过电，联络联络感情线，轻轻松松把钱赚。
祝大家扶摇直上九万里，事业长虹节节高。

- 酒杯一举，鹏程万里，酒杯一碰，黄金乱蹦，酒杯一响，黄金万两。
也祝愿大家多挣钱少生气，心想事成，万事如意。

- 喝酒要喝好，才能招财又进宝。
花有花期，人有时运，让我们怀爱与诚，静待来日。

- 只要感情好，不管喝多少，只要感情深，假的也当真，
只要感情有，喝啥都是酒，那就让我们白天有说有笑，
晚上回去睡个好觉，干杯！

» 都说我擅长喝酒，其实我更擅长喝茶，
一杯茶水代替酒，生活越过越富有，
只要感情到了位，喝杯茶水也陶醉。
祝我们眼里有光，心中有爱，一路春暖花开，好运连连。

敬客户

- 感谢刘总百忙中抽空来，今天的合作一定是好的开始，
  我相信我们未来会有更多更好的合作，
  祝我们今后合作愉快，我敬你。
- 张总啊，关于这个项目，还有几个细节问题，
  我改天单独跟您汇报，看您什么时候方便，
  后续呢，我提前约您。
- 今天的活动是个好的开端，我们今后还要进一步加强联系，
  后续的一些细节问题，过段时间我去拜访您，咱继续沟通！
- 赵总过奖了，我们张总特别重视与您的合作，这个项目能成，
  不仅仅是我的功劳，更离不开我们张总的重视！
- 陈总，在这件事上，还要多麻烦您，
  我希望我们是一个共赢的局面，
  我敬您，我先干了，您随意！
- 王总，这次见你，我发现您气色更好了，
  刚才小跑上楼连气都不带喘的，是不是天天在健身啊？
  这杯酒我敬您，希望您身体永远倍儿棒。
- 您百忙之中来我们单位指导，我敬您一杯，表示欢迎。
- 酒半杯情满怀，留点空间给未来，
  遇见就是天意，能相识便是缘分，
  世界上有一千种等待，最好的那一种是未来可期。

- 春风有信，花开有期，所有美好都在路上，
  愿我们每一秒都欢天喜地，每一分都充满活力，
  每一天都得心应手，每一月都事事顺心，岁岁年年一本万利，
  干杯！

- 酒杯一拿事业发达，酒杯一抬升官发财，
  喝了这杯顺心酒，张总事业越做越长久。

- 您好，刚才听您讲您过去在职场的经历，我深有体会，
  真是干哪一行都不容易啊！敬您一杯，敬我们相同的过去，
  也希望我们未来的路都能够越走越平坦！
  我先干为敬，您注意身体。

- 感谢您一直以来对我工作的理解和帮助，
  我敬您一杯，希望明年我们还能继续合作。

敬下属

- 小张啊，这两年你进步真的很大，
  希望你能够百尺竿头更进一步，从优秀变得更优秀。

- 小李，你已经入职两年了，
  眼看着你从一位门外汉迅速成长为行家里手，
  真的为你高兴，也为你感到自豪，
  你的成绩有目共睹，前途不可限量。
  今天借这杯酒，鼓励你保持作风，继续前进，
  祝福你早日进步、独当一面。

- 虽然我的酒没有倒满，没满美满幸福美满，
  今天晚上喝一杯顺心酒，天顺万物生，地顺五谷丰，人顺百业兴。
  我祝大家：家顺、人顺、万物顺，福来、财来、平安来。

敬贵宾

- 俗话说贵客带雨，雨天来财，今天外面下着雨，
只要我们打开窗，那就是要风得风，要雨得雨，
愿大家一切尽意，百事从欢。

- 李老师，刚才听了您的话让我深受启发，
作为晚辈啊，那我先敬您一杯。

- 王总，我觉得您刚刚说那句话特别有道理，
就冲您这句话，我一定要和您喝一杯啊。

- 很开心跟您一起吃饭，刚才您会上的发言真的很精彩，
让我茅塞顿开，以后还请您多多指教。

- 您今天上午在座谈会上的发言确实很精彩，站位高、逻辑清、
言辞美、容量大，让我受益匪浅，真的值得认真学习好好品味！

- 今天外面下着大雨，正可谓下雨财，风雨贵人来。
有一种祝福叫风雨无阻，风声雨声，祝福声，声声入耳。
那我就祝大家遇水则发，顺风顺水，一顺百顺。

- 一杯干，两杯敬，三杯喝了更高兴，
酒逢知己千杯少，嘻嘻哈哈醉不了，
三杯好，三杯妙，三杯福星来高照，
问你发财要不要，喝了第四杯肯定就见效。

敬美女

- 酒是粮食精，越喝越年轻，酒是长江水，越喝越貌美。
美女喝杯酒，祝您美丽天天有，
不长年龄不长岁，只涨工资和地位。

- 这位美女真美丽，喝酒就像喝雪碧，
头发卷又黄，以后肯定当老板娘。

- 漂亮的女人是宝石，贤惠的女人是宝库；
女人也是半边天，不喝也要沾一沾；
喝酒吃菜，青春常在；吃菜喝酒，越喝越有；
喝了杯中酒，所有好事跟您走。
来，给您端杯福气酒：祝您吃好喝好，招财进宝！
工作顺利，爱情甜蜜！
好运成双对，雍容又华贵！

- 美女一枝花，全靠酒当家；喝杯青春酒，祝您美丽无忧愁；
酒是长江水，越喝越貌美，祝您不长年龄不长岁，只涨工资和地位。
来，干杯，祝您用餐愉快！

- 春风有信，花开有期，所有美好都在路上，
愿我们每一秒都欢天喜地，每一分都充满活力，
每一天都得心应手，每一月都事事顺心，
岁岁年年一本万利，干杯！

敬帅哥

- 杯中酒盘中菜，祝您天天有人爱；
  一口酒一口水，祝您生活更甜美；
  生活越来越好，事业一路小跑，
  收入迅速提高，美女为您倾倒。
- 女人一端杯，男人不能推，倒酒七分满，留有三分情，
  好事一成双，出门就风光，出门一风光，钞票往里装。
- 帅哥长得帅，喝酒不要赖，
  头发往前趴，喝酒必喝三。
  头发一边分，喝酒最认真，
  一口茶一口酒，这样的日子最富有，
  三杯好，三杯妙，喝了福星来高照。
- 酒是粮食精，越喝越年轻。
  三两美酒一下肚，保你潇洒有风度。

敬陌生人

- 第一次跟您喝酒，希望你以后多多关照，敬您一杯。
- 虽是初见，却似故人归。举杯相庆，愿您前程似锦，未来可期！
- 今日相逢，实属缘分。愿您生活如意，事业有成，事事顺遂！
- 陌路相逢也是缘，愿此杯酒暖君心。
  愿您人生处处是风景，步步都精彩！
- 萍水相逢亦有缘，举杯共饮话桑田。
  愿您笑口常开，幸福安康到永远！
- 虽不相识，却感亲切。
  愿您此去经年，前程无忧，幸福常伴左右！
- 缘分让我们在此相遇，举杯同庆这一刻。
  愿您的人生充满阳光，温暖而美好！

敬酒量差的人

- 都说宰相肚里能撑船，哥哥杯中无酒难开言；
  掌声响起来，好运自然来。
- 只要感情深一口也是真，酒可以少喝，
  但饭一定要吃饱，你随意，我干了。
- 只要感情深，不喝情也真，
  只要感情有，喝啥都是酒。

过年家族聚会

- 人生如梦，难得一碰；来吧，一杯红酒祝福一下，
希望在座的都能一帆风顺好事多，身体健康快乐多，
一年四季福气多，财源滚滚钞票多。

- 人生不求财富满地，但求健康四季，
没病没灾就是幸运，丰衣足食就是幸福。
那这样，我祝大家一没病，二没灾，小小日子悠哉游哉，
让我们面朝大海波浪宽，端起酒杯，咱就干。

- 各位亲朋好友，大家好，今天能够全家团聚，非常开心。
随着年龄的增长，我们这些晚辈已经慢慢有了自己的家庭和事业，
能同时聚在一起也很难得，今天能有机会相聚，
在这里，就让我们大家痛快地喝起来！
下面，我先代表我和我的家人敬大家一杯！
在新的一年里，
祝愿长辈们身体健康、事事顺心！
祝愿姐妹们财源滚滚、节节高升！
愿没成家的，早日找到如意郎君、白马王子！
祝愿小朋友们学业进步！让我们一起干杯吧！

参加生日宴

- 祝你生日快乐，祝你每天都像今天一样开心幸福。
- 在你生日的这一天，将快乐的音符作为礼物送给你，愿您拥有 365 个美丽的日子，衷心地祝福你——生日快乐！
- 愿你的生日充满无穷的快乐，愿你今天的回忆温馨，愿你所有的梦想逐一实现，愿你这一年称心如意！
- 悠悠的云里有淡淡的诗，淡淡的诗里有绵绵的喜悦，绵绵的喜悦里有我轻轻的祝福，生日快乐！
- 祝你生日快乐，你的善良使这个世界变得更加美好，愿这完全属于你的一天带给你快乐，愿未来的日子锦上添花！
- 在你生日来临之际，祝事业正当午，身体壮如虎，金钱不胜数，干活不辛苦，悠闲像老鼠，浪漫似乐谱，快乐莫你属！
- 祝你生日快乐，我的朋友。愿你接下来的一年充满惊喜与奇迹，所有的困难都能迎刃而解，成为最幸福的人。

参加婚宴

- 说好的一起单身，你缴械投降，先步入婚姻，
  我只有罚你一辈子幸福满满，快乐长伴。
- 当初说好了一起去养老院，没想到你却偷偷去了民政局，
  那我就只能惩罚你一辈子都幸福快乐。
- 姻缘天注定，恩爱到百年，
  祝你们爱情岁月手牵手，幸福日子天天有！
- 亲爱的新郎新娘，今天是你们人生中最美好的时刻，
  愿你们携手共度每一个幸福的瞬间，相爱相守，白头偕老。
  这杯酒，我代表所有亲朋好友，向你们送上最真挚的祝福！
- 新婚夫妇，你们用真爱编织了这段美好的姻缘，
  愿你们的爱情如同这杯美酒一般，越陈越香，越久越浓。
  祝福你们的生活充满甜蜜和温馨，幸福永驻心间！
- 新郎新娘，你们的结合是上天赐予的最美好的礼物。
  愿你们珍惜这份缘分，携手共进，共同创造美好的未来。
  祝福你们的婚姻生活幸福美满，爱情永固！
- 亲爱的新人，你们的婚礼是爱的盛宴，是幸福的起点。
  愿你们的爱情如同这盛宴一般，丰盛而美好，不断升华。
  祝福你们的生活充满欢笑和阳光，永远幸福快乐！

乔迁之喜

- 祝您乔迁新居，新的环境必能让你们的生活焕然一新，
  欣欣向荣，好运连连，为了表示祝贺，我敬您一杯。

- 亲爱的朋友们，今晚我们欢聚一堂，共同为 ×× 的新居落成举杯庆祝。这不仅仅是一座房子的乔迁，更是生活新篇章的开始。愿这个新家成为 ×× 幸福与安宁的港湾，每一天都充满阳光和欢笑。
  让我们共同祝愿 ×× 在新居中生活美满，事业有成！

- 在这个特别的日子里，能够见证 ×× 乔迁新居，我感到无比的荣幸和喜悦。新家，是新的开始，也是温暖的归宿。
  愿这个新家装满 ×× 的梦想与希望，也装满我们大家满满的祝福。
  未来的日子里，愿 ×× 和家人在这里享受幸福，共创美好。
  干杯，为 ×× 的新家祝福！

- 恭喜 ×× 喜迁新居，这不仅是物质上的升级，更是精神上的飞跃。新家新气象，愿这里成为吉祥如意之地，
  为 ×× 和家人带来无尽的好运与幸福。让我们举杯，为这份喜悦和好运干杯！
  愿 ×× 在新居中万事如意，心想事成！

- 今晚，我们共同为 ×× 的新居举杯，不仅庆祝这一刻的喜悦，更期待 ×× 未来在新家中的美好生活。

愿这个新家成为 ×× 实现梦想的舞台，每一个明天都比今天更加精彩。

让我们携手祝愿，愿 ×× 在新居中创造更多美好的回忆，

享受生活的每一个瞬间。干杯！

- 亲爱的 ××，看着你乔迁新居，我由衷地为你感到高兴。

  新家不仅是你生活的避风港，也是我们友情的见证。

  无论未来如何变迁，愿我们的友情如这新居一般，稳固而温馨。

  今晚，让我们举杯，为这份深厚的友情和你的新家共同庆祝！

  愿你在新居中感受到家的温暖，也感受到我们大家的爱与祝福。

升学宴敬酒

- 今天非常高兴，不只因为拿到理想大学通知书，
  更重要的是还有你们——我的家人、朋友，来和我一起分享这份快乐，
  能有这样的成绩，离不开大家的鼓励和支持，
  没有你们，就没有我今天的成绩，敬大家。

- 亲爱的同学们、家长们，今晚我们欢聚一堂，
  共同庆祝一个充满希望的时刻——升学宴。
  在此，我举杯祝愿所有即将踏上新征途的学子们，
  愿你们的梦想在新学府中扬帆起航，
  用勤奋和智慧书写属于自己的辉煌篇章。
  未来的路或许会有挑战，但请相信，
  每一次努力都会让我们更加靠近梦想。
  干杯，为梦想启航！

- 在这喜悦的时刻，让我们不忘感恩。
  感谢父母的辛勤养育，老师的无私教诲，以及朋友们的一路陪伴。
  是你们的爱与支持，让我们能够勇敢地追逐梦想。
  今晚，我举杯祝愿每位升学的学子，在未来的求学路上，能够不忘初心，继续前行。
  愿你们带着感恩的心，珍惜每一次学习的机会，成就更加辉煌的明天。

- 升学宴不仅是庆祝个人成就的时刻，更是我们友谊的见证。

  在座的每一位同学，都是我们青春记忆中最宝贵的财富。

  无论未来我们身在何方，愿我们的友谊如这美酒一般，越陈越香。

  今晚，让我们举杯，为即将各奔前程的彼此送上最真挚的祝福。

  愿我们在各自的领域里发光发热，未来再见时，都能成为更好的自己。

- 青春是一段美好的时光，而升学则是这段时光中的一个重要里程碑。

  今晚，我们在这里庆祝，不仅是为了回顾过去的努力与成就，

  更是为了展望未来，继续书写属于我们的青春故事。

  我举杯祝愿每位学子，在青春的道路上，能够勇敢追梦，不负韶华。

  愿你们的青春无悔，未来可期！

第一次去女方家敬酒

- 叔叔、阿姨好，今天在来之前，说实话我内心特别忐忑、紧张。
但是见到你们之后，你们特别和蔼可亲，我也松了一口气。
我想跟叔叔阿姨说，我特别想做你们的女婿，
我也特别感谢你们培养了如此优秀的女儿。
感谢你们同意我们交往，我在未来一定会好好地照顾她爱护她，
也会好好地孝敬双方的老人。我平常不怎么喝酒，
但是今天我特别开心，我要给叔叔阿姨敬上一杯酒，
祝福叔叔阿姨身体健康、万事如意！

- 叔叔阿姨，今天能来到这个温馨的家，我感到非常荣幸。
这杯酒，我敬你们，感谢你们养育了这么优秀的女儿，让我有幸遇见她。
未来的日子里，我会尽我所能，让她幸福。干杯！

- 阿姨，感谢您一直以来对 ×× 的悉心照料，
她就像一朵在您呵护下绽放的花朵。
这杯酒，我敬您，感谢您培养了一个如此美好的灵魂。
请相信，我会像您一样珍惜她。干杯！

- 叔叔，初次见面，请多关照。
这杯酒，我代表自己和我的家人，向您表达最深的敬意。
感谢您对 ×× 的教导和支持，让我们有机会走到一起。
未来的路，我会和她一起坚定地走下去。干杯！

在这个美好的时刻，我想对叔叔阿姨说，

感谢你们给了我一个认识 ×× 并爱上她的机会。

这杯酒，我敬你们，

愿我们的友谊和两家人的关系像这酒一样，越陈越香。

干杯！

阿姨，×× 总是提起您家的温暖和您的慈爱，

今天一见，果然名不虚传。

这杯酒，我敬您，感谢您让我体验到回家的感觉。

未来的日子里，我会努力成为这个家庭的一分子，和 ×× 一起孝顺你们。

干杯！